# Biología Celular y Molecular Esencial

## Una Guía Completa de las Estructuras Celulares, Funciones y Mecanismos Moleculares

Escrito por

*Bolakale Aremu*

**Biología Celular y Molecular Esencial**

Una Guía Completa de las Estructuras Celulares, Funciones y Mecanismos Moleculares

**Publicado en los Estados Unidos**
**ISBN:** 979-8-3492-5740-7


**Descargo de responsabilidad**

Aunque los autores y el editor han hecho todo lo posible para asegurar que la información en este libro fuera correcta en el momento de la publicación, los autores y el editor no asumen y por la presente renuncian a cualquier responsabilidad ante cualquier parte por cualquier pérdida, daño o interrupción causada por errores u omisiones, ya sea que dichos errores u omisiones resulten de negligencia, accidente o cualquier otra causa. Este libro no pretende ser un sustituto del consejo médico de los profesionales de la salud. El lector debe consultar regularmente a un médico sobre asuntos relacionados con su salud, y en particular con respecto a cualquier síntoma que pueda requerir diagnóstico o atención médica.

# Tabla de Contenidos

# 0. Prefacio

## 0.1. ¿Qué es la Biología?

*Figura 0.1: Definición de Biología*

La biología es el estudio científico de la vida, desde los microbios más diminutos hasta los ecosistemas más grandes de la Tierra. Es un campo que busca comprender la estructura, función, crecimiento, origen, evolución e interacciones de los organismos vivos. La biología nos ayuda a responder preguntas fundamentales sobre la vida, desde cómo funcionan las células, cómo evolucionan las especies a lo largo del tiempo, e incluso cómo comenzó la vida misma.

## 0.2. El Origen del Término "Biología"

La palabra biología proviene de las palabras griegas "bios" (vida) y "logos" (estudio). Este término, acuñado a principios del siglo XIX, refleja la profunda y duradera curiosidad de la humanidad por el mundo natural. Eruditos antiguos, como Aristóteles, realizaron observaciones tempranas sobre plantas y animales, sentando las bases de la biología como una ciencia formal.

## 0.3. Naturaleza de la Biología como Disciplina

La biología es una ciencia vasta e interdisciplinaria, que se conecta con campos como la química, la física, las ciencias ambientales, la medicina y la ingeniería. Su enfoque abarca desde el nivel molecular y celular —la maquinaria microscópica de la vida— hasta ecosistemas completos, donde las especies interactúan en complejas redes de vida.

## 0.4. Características Clave de la Biología

1. **Diversidad de Formas de Vida**
   La biología estudia organismos de todas las formas y tamaños, desde virus y bacterias hasta plantas, animales y hongos.

2. **Adaptación y Evolución**
   La biología explica cómo las especies cambian a lo largo de las generaciones en respuesta a las presiones ambientales — un concepto central en la teoría de la evolución.

3. **Estructura y Función**
   Las estructuras biológicas, desde los orgánulos celulares hasta los tejidos y órganos, están íntimamente relacionadas con sus funciones.

4. **Energía y Metabolismo**
   Todas las formas de vida necesitan energía para sobrevivir, crecer y reproducirse — procesos regidos por leyes biológicas y químicas.

5. **Homeostasis**
   Los organismos vivos mantienen ambientes internos estables a pesar de los cambios en las condiciones externas.

## 0.5. Divisiones de la Biología

Tabla 0.1: Divisiones de la Biología

| **Zoología** | **Botánica** | **Microbiología** |
| --- | --- | --- |
| Taxonomía | Protozoología | Pura |
| Anatomía | Ictiología | Aplicada |
| Patología | Mastozoología | |
| Genética | Ornitología | |
| Fisiología | Entomología | |
| Paleología | Herpetología | |
| Embriología | | |
| Morfología | | |

La biología es tan amplia que se subdivide en ramas especializadas, cada una enfocada en un aspecto particular de la vida. Algunas divisiones clave incluyen:

- **Biología Celular:** Estudio de las células, sus estructuras y funciones.
- **Biología Molecular:** Estudio de las moléculas biológicas (como el ADN, el ARN y las proteínas) y cómo contribuyen a los procesos vitales.
- **Genética:** Estudio de los genes, la herencia y la variación.
- **Ecología:** Estudio de los organismos en relación con sus entornos.
- **Biología Evolutiva:** Estudio de cómo las especies cambian a lo largo del tiempo.
- **Microbiología:** Estudio de los microorganismos como las bacterias y los virus.

- **Botánica:** Estudio de las plantas.
- **Zoología:** Estudio de los animales.

## 0.6. Métodos de Estudio en Biología

Los biólogos utilizan una amplia gama de métodos y herramientas para estudiar la vida, entre ellos:

• **Observación y Experimentación**: La observación directa de los organismos en sus entornos naturales y los experimentos controlados en laboratorios ayudan a descubrir procesos biológicos.

• **Microscopía**: Los microscopios avanzados revelan estructuras celulares y detalles moleculares invisibles al ojo humano.

• **Técnicas Moleculares**: Herramientas como la PCR, la secuenciación genética y CRISPR permiten a los científicos estudiar e incluso modificar genes a nivel molecular.

## 0.7. Escalas de Estudio en Biología

El estudio de la vida abarca varios niveles de organización biológica:

• **Nivel Molecular:** ADN, ARN, proteínas y otras biomoléculas.

• **Nivel Celular:** Células individuales, las unidades fundamentales de la

vida.

• **Tejidos y Órganos:** Grupos de células que trabajan juntas.

• **Organismos:** Seres vivos completos.

• **Poblaciones:** Grupos de individuos de la misma especie.

• **Comunidades y Ecosistemas:** Interacciones entre especies y sus entornos.

• **Biosfera:** Toda la vida en la Tierra.

## 0.8. Por Qué la Biología es Importante

La biología no es solo una materia en los libros de texto, sino que es fundamental para comprender la salud, la medicina, la agricultura, la protección del medio ambiente, la biotecnología e incluso la exploración espacial. Ya sea para resolver desafíos globales como el cambio climático o desarrollar nuevos tratamientos médicos, la biología tiene las claves para mejorar la vida en la Tierra y más allá.

Este prefacio sirve como base para el resto del libro, que te guiará a través del fascinante mundo de la biología celular y molecular, el estudio del funcionamiento interno de la vida a las escalas más pequeñas. Desde los átomos y macromoléculas hasta las membranas celulares, la replicación del ADN y la expresión génica, obtendrás una comprensión profunda de los procesos que hacen posible la vida.

# 1. ¿Por Qué Estudiar Biología Celular y Molecular?

La vida, en toda su complejidad y diversidad, comienza a nivel celular y molecular. Cada organismo vivo es una sola célula o está compuesto por billones de células que trabajan juntas. Estas células, a su vez, están formadas por intrincadas moléculas —ADN, proteínas, lípidos y más— que realizan innumerables tareas esenciales para la supervivencia. Para comprender realmente cómo funciona la vida, primero hay que entender cómo funcionan las células y cómo interactúan las moléculas dentro de esas células.

## 1.1. La Base de Toda la Vida

En esencia, la biología celular y molecular es el estudio de la unidad fundamental de la vida —la célula— y de los procesos moleculares que impulsan su funcionamiento. Desde las bacterias hasta las plantas y los humanos, todas las formas de vida están hechas de células, y todas las células siguen principios moleculares comunes para mantener la vida. El diagrama de la Figura 1.1 muestra una célula procarionte y eucarionte generalizada, destacando orgánulos y componentes moleculares.

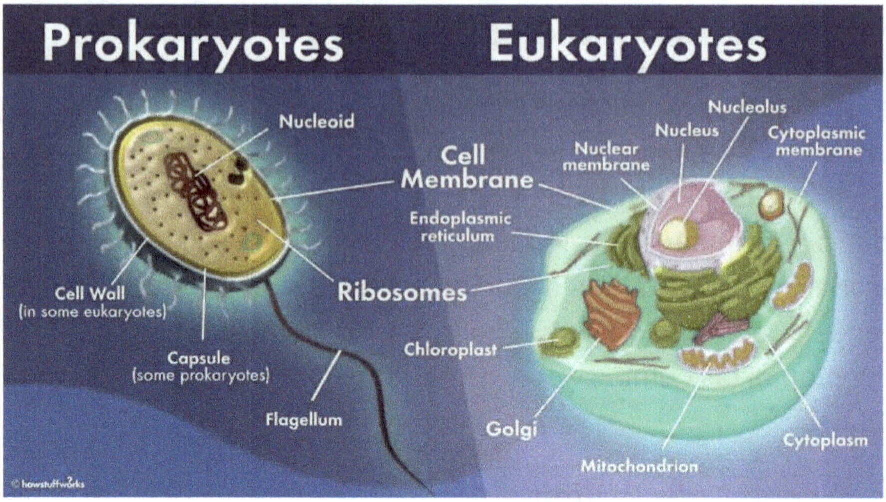


*Figura 1.1: Una célula procariota y eucariota generalizada, mostrando orgánulos y componentes moleculares. Fuente: https://science.howstuffworks.com/life/cellular-microscopic/prokaryotic-vs-eukaryotic-cells.htm*

### ¿Por qué es esto importante?

• **Salud y Medicina:** Comprender las células nos ayuda a combatir enfermedades, desarrollar nuevos medicamentos y diseñar terapias avanzadas como la edición genética y la medicina personalizada.
• **Biotecnología e Innovación:** Las técnicas de biología molecular nos permiten modificar cultivos, desarrollar vacunas y producir biocombustibles.
• **Evolución y Orígenes:** Al estudiar las moléculas dentro de las células, podemos rastrear la historia evolutiva de la vida misma.
• **Impacto Ambiental:** Las células microbianas juegan un papel clave en el ciclo de nutrientes, la descomposición de desechos y la regulación del clima.

## 1.2. Conectando Biología, Química y Física

La biología celular y molecular sirve como un puente entre la biología y las ciencias físicas. Las moléculas biológicas siguen las mismas leyes químicas y físicas que rigen la materia inerte, pero se ensamblan en sistemas mucho más complejos y funcionales. Comprender cómo se pliegan, interactúan y reaccionan las biomoléculas es esencial para descubrir los secretos de la vida. El diagrama de la **Figura 1.2** muestra una interacción molecular, como la unión enzima-sustrato, con los enlaces químicos resaltados.

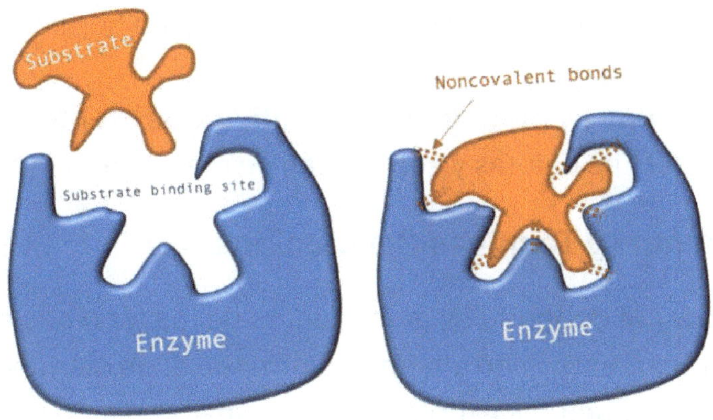


*Figura 1.2: Una ilustración de cómo las enzimas se unen a los sustratos — un ejemplo perfecto de interacciones moleculares regidas por la física y la química. Fuente: https://www.futurelearn.com/info/courses/the-biology-of-bugs-brains-and-beasts/0/steps/68820*

### Ejemplos de conocimientos a nivel molecular

• **La actividad enzimática** depende de los enlaces químicos y las tasas de reacción.
• **El transporte a través de la membrana** depende de los gradientes de concentración y los principios de difusión.
• **La expresión génica** depende de las interacciones físicas entre el ADN, el ARN y las proteínas.

## 1.3. Aplicaciones Médicas: Comprender las Enfermedades a Nivel Celular

Toda enfermedad — desde el cáncer hasta las infecciones virales — implica alteraciones a nivel celular o molecular. Al estudiar cómo funcionan normalmente las células y cómo fallan, los científicos pueden:

• **Diagnosticar enfermedades** con mayor precisión utilizando biomarcadores genéticos y moleculares.
• **Diseñar terapias específicas** que corrijan o bloqueen procesos moleculares dañinos.
• **Predecir el riesgo de enfermedades** basándose en perfiles genéticos individuales.
• **Desarrollar vacunas y medicamentos antivirales** al entender cómo los patógenos invaden las células y secuestran su maquinaria molecular.

## 1.4. Herramientas y Técnicas Revolucionarias

La biología moderna depende en gran medida de las técnicas de biología celular y molecular. Estas herramientas permiten a los científicos observar, manipular y analizar células y moléculas con una precisión extraordinaria. Algunas técnicas innovadoras incluyen:

• **Edición Genética CRISPR-Cas9**: Alteración precisa de las secuencias de ADN. *La Figura 1.3 muestra cómo funciona el sistema CRISPR-Cas9, una herramienta moderna en biología molecular.*
• **Microscopía de Fluorescencia**: Observación de moléculas en movimiento dentro de células vivas en tiempo real.
• **Reacción en Cadena de la Polimerasa (PCR)**: Amplificación de pequeñas cantidades de ADN para su estudio.
• **Secuenciación de Nueva Generación (NGS)**: Lectura de genomas completos de manera rápida y asequible.
• **Análisis de Células Individuales**: Estudio de células individuales para revelar la diversidad celular.

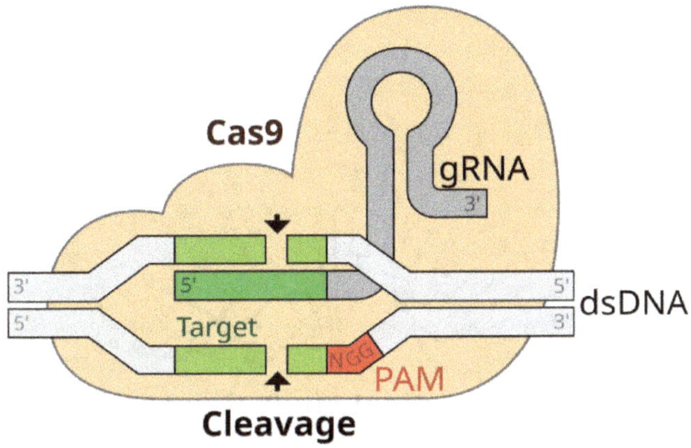


*Figura 1.3: Una ilustración del proceso de edición genética CRISPR-Cas9.*
*Fuente: https://en.wikipedia.org/wiki/CRISPR_gene_editing*

Estas tecnologías no solo se utilizan en laboratorios de investigación, sino que están transformando la medicina, la agricultura, la criminología y la ciencia ambiental.

## 1.5. Evolución y la Unidad de la Vida

La biología celular y molecular también revela la herencia compartida de todos los seres vivos. Ya sea que estés estudiando una bacteria, un árbol o un ser humano, encontrarás los mismos tipos de moléculas, el mismo código genético y muchos de los mismos procesos celulares. Esta notable unidad es una fuerte evidencia de la conexión evolutiva entre todas las formas de vida. La **Figura 1.4** muestra un diagrama del árbol de la vida ampliamente utilizado, perfecto para ilustrar las conexiones evolutivas a nivel celular.

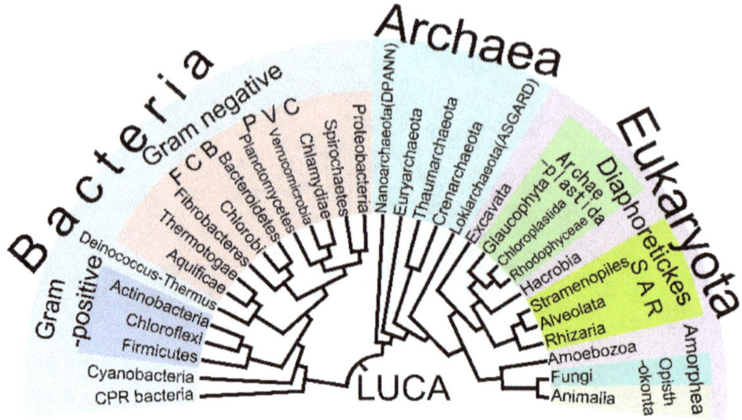


*Figura 1.4: Un árbol filogenético de la vida, que muestra la relación evolutiva entre las especies. Fuente: https://commons.wikimedia.org/wiki/File:Phylogenetic_Tree_of_Life.png*

**Ejemplo**

• El proceso de replicación del ADN funciona de manera similar en bacterias y humanos.

• Todas las células utilizan ATP como moneda energética.

• Las proteínas en la fotosíntesis y la respiración celular se encuentran en distintas especies.

## 1.6. El Futuro de la Ciencia y la Tecnología

La próxima ola de avances científicos dependerá en gran medida de la biología celular y molecular. Algunas áreas donde este conocimiento dará forma al futuro incluyen:

• **Medicina Regenerativa:** Uso de células madre para reparar o reemplazar tejidos dañados.

• **Biología Sintética:** Diseño de sistemas biológicos completamente nuevos para fines útiles.

• **Exploración Espacial:** Comprender cómo se adaptan las células a la microgravedad y la radiación cósmica.

• **Genómica Personalizada:** Personalizar tratamientos médicos basados en perfiles genéticos individuales.

## 1.7. Una Perspectiva Personal y Global

Finalmente, comprender la biología celular y molecular es esencial para ser ciudadanos informados. Temas como el cambio climático, las pandemias, la resistencia a los antibióticos y los organismos genéticamente modificados (OGMs) tienen bases biológicas. Para participar en estas conversaciones globales, es invaluable tener un conocimiento básico de cómo funcionan las células y las moléculas.

### Conclusión Clave

Al embarcarte en este viaje a través de la biología celular y molecular, recuerda que estás explorando los planos mismos de la vida. Cada respiración que tomas, cada comida que comes y cada pensamiento que tienes dependen de los procesos moleculares microscópicos que ocurren dentro de tus propias células — y este libro te ayudará a descubrir esos secretos.

# 2. El Estudio de la Evolución

## 2.1. Teoría de la Evolución

La evolución es el proceso por el cual las poblaciones de organismos cambian a lo largo de generaciones a través de la variación genética y la selección natural. La **Teoría de la Evolución**, formalizada por primera vez por Charles Darwin en su libro de 1859 *El Origen de las Especies*, es uno de los conceptos más fundamentales de la biología. Explica cómo toda la vida en la Tierra comparte un ancestro común y cómo las especies divergen con el tiempo para adaptarse a sus entornos.

En su núcleo, la teoría se basa en dos principios clave:

- **Descendencia con modificación:** Las poblaciones cambian a lo largo de las generaciones, y la descendencia hereda rasgos de sus padres, aunque las mutaciones y la recombinación introducen variación.
- **Selección natural:** Los individuos con rasgos ventajosos tienen más probabilidades de sobrevivir y reproducirse, transmitiendo esos rasgos beneficiosos a la siguiente generación.

La teoría evolutiva moderna ha incorporado conocimientos de la genética, la biología molecular y la biología de poblaciones, lo que la convierte en una piedra angular para entender la biodiversidad y el origen de las especies.

El diagrama del Árbol de la Vida (que muestra las relaciones evolutivas entre especies) puede verse aquí:
https://commons.wikimedia.org/wiki/File:Tree_of_life_SVG.svg

## 2.2. Evolución Adaptativa

La evolución adaptativa se refiere a los cambios en las poblaciones impulsados por la selección natural, donde los organismos mejor adaptados a su entorno tienen más probabilidades de sobrevivir y reproducirse. Esta adaptación suele ocurrir en respuesta a:

• **Presiones ambientales**, como cambios en el clima, disponibilidad de recursos o competencia.
• **Depredación y enfermedades**, donde las adaptaciones pueden implicar camuflaje, resistencia a patógenos o cambios en las estrategias reproductivas.

**Ejemplo:**

El desarrollo de la resistencia a los antibióticos en las bacterias es un ejemplo actual de evolución adaptativa. Las bacterias con genes que proporcionan resistencia a los antibióticos sobreviven y transmiten estos rasgos a las generaciones futuras.

## 2.3. Evolución Convergente

La evolución convergente ocurre cuando especies no relacionadas evolucionan rasgos similares de manera independiente, generalmente porque ocupan nichos ecológicos similares o enfrentan desafíos ambientales comparables.

**Ejemplos:**

• Las alas de los murciélagos y las aves evolucionaron de forma independiente para cumplir el mismo propósito: el vuelo.
• Las plantas del desierto en África y América del Norte, como los cactus y las euforbias, evolucionaron adaptaciones similares para almacenar agua a pesar de no estar relacionadas.

Figura 2.1 muestra un ejemplo de evolución convergente (mamíferos placentarios vs marsupiales).

*Figura 2.1: Ejemplo de evolución convergente (mamíferos placentarios vs marsupiales). Fuente: https://www.daviddarling.info/encyclopedia/C/convergevol.html*

## 2.4. Selección Natural

La selección natural es el proceso por el cual ciertos rasgos heredables se vuelven más comunes en una población porque mejoran la supervivencia y el éxito reproductivo de un organismo. Es el mecanismo principal de la evolución.

**Elementos clave de la selección natural:**

- **Variación:** Los individuos dentro de una especie muestran diferencias.
- **Heredabilidad:** Los rasgos pueden ser transmitidos de padres a hijos.
- **Supervivencia y reproducción diferencial:** Los individuos con rasgos ventajosos sobreviven más tiempo y se reproducen más.
- **Adaptación:** Con el tiempo, la población cambia para reflejar estos rasgos ventajosos.

**Ejemplo:**

La polilla moteada durante la Revolución Industrial en Inglaterra es un caso clásico. Las polillas de color oscuro se volvieron más comunes en áreas contaminadas porque estaban mejor camufladas contra los troncos de los árboles oscurecidos por el hollín, lo que las hacía menos visibles para los depredadores.

*Figura 2.2: Polilla moteada (ejemplo de selección natural). Fuente: https://butterfly-conservation.org/moths/why-moths-matter/amazing-moths/peppered-moth-and-natural-selection*

## 2.5. Vestigios de la Evolución

Las estructuras vestigiales son características anatómicas o comportamientos que ya no cumplen su propósito original, pero que son restos de la historia evolutiva. Estas estructuras ofrecen evidencia de ascendencia común.

**Ejemplos:**

- Cóccix humano: Un vestigio de las colas presentes en nuestros ancestros primates.
- Huesos pélvicos en ballenas: Restos de ancestros que caminaban sobre tierra firme.
- La piel de gallina en humanos: Un reflejo heredado de ancestros con

pelaje, en quienes este reflejo ayudaba a erizar el pelo para conservar calor o intimidar.

## 2.6. Métodos para Estudiar la Evolución

Los biólogos modernos utilizan múltiples enfoques científicos para estudiar los procesos evolutivos, combinando registros fósiles, genética y estudios observacionales.

### Métodos Clave:

1. **Evidencia Fósil**
   Los fósiles proporcionan un registro de formas de vida pasadas y de cómo las especies han cambiado a lo largo del tiempo.

2. **Anatomía Comparada**
   El estudio de similitudes y diferencias anatómicas ayuda a revelar relaciones evolutivas.

3. **Análisis Genético**
   Los avances en biología molecular permiten a los científicos comparar secuencias de ADN entre especies, descubriendo similitudes genéticas que confirman relaciones evolutivas.

4. **Estudios Observacionales**
   Estudios en tiempo real de poblaciones en evolución, como los pinzones de Darwin en las Islas Galápagos, demuestran la evolución en acción.

5. **Evolución Experimental**
   Los científicos pueden observar la evolución directamente en entornos controlados, como poblaciones bacterianas expuestas a antibióticos o moscas de la fruta seleccionadas por características específicas.

6. **Biogeografía**
   La distribución geográfica de las especies ayuda a inferir procesos evolutivos.
   **Ejemplo:** Especies únicas en islas, como los marsupiales de Australia, evolucionaron en aislamiento, proporcionando pistas sobre migración y especiación.

# 3. ¿Qué es la Biología Celular?

## 3.1. Introducción a la Biología Celular

La biología celular es la rama de la biología que se enfoca en la estructura, función y comportamiento de las células —las unidades fundamentales de la vida—. Todos los seres vivos, desde bacterias hasta humanos, están compuestos por células. Comprender las células permite a los científicos explorar los mecanismos subyacentes de los procesos vitales, desde la expresión génica hasta la producción de energía.

La biología celular es una disciplina fundamental dentro de la biología porque cada proceso biológico —incluido el crecimiento, el desarrollo, la reproducción y el metabolismo— depende de las actividades celulares.

**Áreas clave de enfoque en biología celular:**

- **Estructura celular**: la organización de orgánulos, membranas y el citoesqueleto.
- **Función celular**: procesos como la captación de nutrientes, la producción de energía y la eliminación de desechos.
- **Comunicación celular**: cómo las células envían y reciben señales de su entorno.
- **División y reproducción celular**: cómo las células se multiplican y mantienen la información genética.
- **Evolución celular**: cómo las células han evolucionado desde formas más simples hasta formas de vida complejas.

## 3.2. Importancia de la Biología Celular

El estudio de las células ayuda a los investigadores a entender los orígenes de la vida, cómo se desarrollan las enfermedades y cómo funcionan los organismos en el nivel más básico. La medicina moderna, la biotecnología e incluso la ciencia ambiental dependen en gran medida de los avances en biología celular.

**Ejemplos de aplicaciones de la biología celular:**

- **Investigación sobre el cáncer**: comprender cómo la división celular se desregula.
- **Ingeniería genética**: modificar el ADN celular para aplicaciones en agricultura o medicina.
- **Desarrollo de fármacos**: dirigir procesos celulares para diseñar nuevos tratamientos.
- **Medicina regenerativa**: usar células madre para reparar o reemplazar tejidos dañados.

## 3.3. Antecedentes Históricos

El descubrimiento de las células se remonta a 1665, cuando Robert Hooke utilizó un microscopio primitivo para observar finas láminas de corcho y describió las "pequeñas cajas" que vio como "células". Desde entonces, los avances tecnológicos, desde microscopios ópticos hasta microscopios electrónicos e imágenes en células vivas, han proporcionado vistas cada vez más detalladas de las estructuras y procesos celulares.

### La Teoría Celular

La Teoría Celular, piedra angular de la biología, consta de tres postulados principales:

1. Todos los organismos vivos están compuestos por una o más células.
2. La célula es la unidad básica de estructura y función en todos los seres vivos.
3. Todas las células provienen de células preexistentes.

## 3.4. Tipos de Células: Procariontes vs Eucariontes

Las células se dividen en dos grandes categorías:
• **Células procariontes:** más simples, carecen de núcleo y de orgánulos delimitados por membranas (p. ej., bacterias y arqueas).
• **Células eucariontes:** más complejas, con un núcleo y orgánulos (p. ej., plantas, animales, hongos y protistas).

### Tabla 3.1. Comparación entre Células Procariontes y Eucariontes

| Característica | Células Procariontes | Células Eucariontes |
|---|---|---|
| Núcleo | Ausente | Presente |
| Tamaño | Más pequeñas (0.1-5 µm) | Más grandes (10-100 µm) |
| Orgánulos | Pocos | Numerosos |
| ADN | Circular | Lineal |
| División Celular | Fisión Binaria | Mitosis/Meiosis |
| Ejemplos | Bacterias, Arqueas | Plantas, Animales, Hongos, Protistas |

## 3.5. Organismos Multicelulares

La mayoría de los seres vivos que observamos — desde plantas y animales hasta hongos — son multicelulares, lo que significa que sus cuerpos están formados por muchas células especializadas que trabajan juntas. Cada célula en un organismo multicelular desempeña un rol específico, contribuyendo al funcionamiento y supervivencia del organismo.

### Características de los Organismos Multicelulares

- **Especialización Celular (Diferenciación):** Las células desarrollan funciones específicas — por ejemplo, las células musculares se contraen, las neuronas transmiten señales.

- **Formación de Tejidos:** Las células especializadas se agrupan formando tejidos (por ejemplo, tejido muscular o nervioso).
- **Sistemas de Órganos:** Los tejidos se combinan para formar órganos, y los órganos trabajan juntos en sistemas de órganos (por ejemplo, sistema digestivo o circulatorio).
- **Comunicación Celular:** Las células de los organismos multicelulares deben comunicarse constantemente para coordinar procesos como el crecimiento, la respuesta inmunitaria y la homeostasis.

**Ejemplo: El Cuerpo Humano**

- **Células musculares:** Permiten el movimiento.
- **Glóbulos rojos:** Transportan oxígeno.
- **Neurónas:** Transmiten señales.
- **Células epiteliales:** Forman capas protectoras.
- **En conjunto**, estas células especializadas permiten que el cuerpo humano funcione de manera coordinada.

## 3.6. Evolución de la Multicelularidad

La multicelularidad evolucionó varias veces a lo largo de la historia de la Tierra, lo que permitió el desarrollo de formas de vida complejas. Las células adquirieron la capacidad de adherirse entre sí, comunicarse y diferenciarse, lo que llevó a la evolución de organismos grandes y complejos.

## Pasos Clave en la Evolución de la Vida Multicelular

1. **Agrupación de Células:** Células individuales comenzaron a agruparse.
2. **División del Trabajo:** Algunas células se especializaron en funciones particulares.
3. **Control Genético del Desarrollo:** Surgieron genes que regulan la formación de tejidos y órganos.

## Resumen del Capítulo

- La biología celular se centra en entender la estructura y función de las células.
- Las células son **procariontes** o **eucariontes**, cada una con características distintas.
- Los organismos multicelulares están compuestos por células especializadas que trabajan juntas.
- El estudio de la biología celular es fundamental para comprender la vida, la salud, las enfermedades y la biotecnología.

# 4. Genética y Nuestro Plano Genético

## 4.1. Introducción

En el corazón de todos los procesos vitales se encuentra la genética, el estudio de cómo se heredan los rasgos y cómo la información está codificada dentro de los organismos. Cada célula de tu cuerpo, cada característica que presentas — desde el color de tus ojos hasta tu susceptibilidad a enfermedades — está arraigada en el plano genético almacenado en el ADN.

El campo de la genética explica cómo se transmiten los rasgos a lo largo de las generaciones, cómo funcionan y se comunican las células e incluso cómo evolucionan las especies con el tiempo.

## 4.2. Evolución y Genética

La evolución está impulsada por cambios genéticos que se acumulan a través de generaciones. Las mutaciones, la selección natural y la deriva genética actúan sobre el material genético, dando lugar a adaptaciones y diversificación.

- **Mutación:** Cambios aleatorios en las secuencias de ADN, que pueden dar lugar a nuevos rasgos.
- **Selección natural:** Las variaciones genéticas que mejoran la supervivencia y la reproducción se vuelven más comunes en las poblaciones.
- **Especiación:** La divergencia genética entre poblaciones eventualmente resulta en la formación de nuevas especies.

## 4.3. Codificación del Desarrollo

El código genético no solo controla los rasgos individuales; también codifica cómo un organismo se desarrolla desde un único óvulo fecundado hasta un cuerpo complejo. Este proceso, llamado **codificación del desarrollo**, se basa en:

- **Regulación génica:** Diferentes genes se activan o desactivan en distintas etapas.
- **Vías de señalización:** Las células se comunican para coordinar el desarrollo.
- **Morfogénesis:** Los genes guían la formación de tejidos y órganos.

## 4.4. ADN – El Plano Molecular

El ADN, o ácido desoxirribonucleico, es la molécula que transporta la información genética. Su famosa estructura de doble hélice contiene el código para construir proteínas, que a su vez realizan las funciones vitales.

**Características clave del ADN:**

- **Bases nitrogenadas:** Adenina (A), Timina (T), Citosina (C), Guanina (G).
- **Emparejamiento de bases:** A se empareja con T, y C se empareja con G.
- **Genes:** Segmentos de ADN que codifican proteínas.
- **Cromosomas:** El ADN se organiza en estructuras llamadas cromosomas.

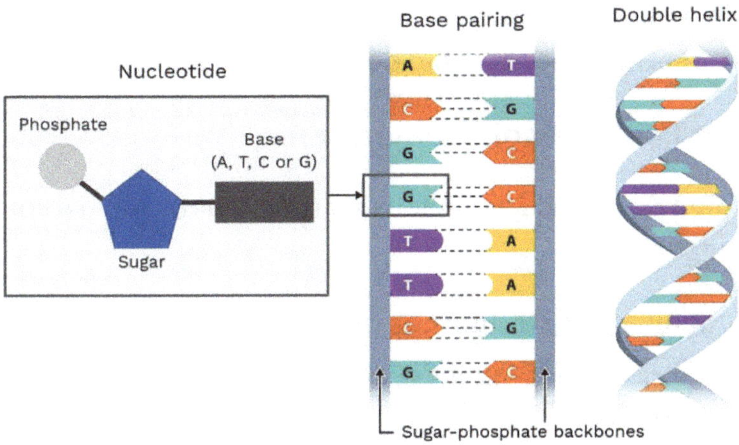


*Figura 4.1: Diagrama de la estructura del ADN con las bases nucleotídicas etiquetadas. Fuente: https://theory.labster.com/structure-dna/*

## 4.5. Elementos LINE-1 – Genes Saltarines

No todas las partes del genoma codifican directamente proteínas. Algunas regiones, como los elementos LINE-1, son elementos transponibles, es decir, secuencias de ADN que pueden copiarse e insertarse en nuevas ubicaciones dentro del genoma.

### ¿Por qué son importantes los elementos LINE-1?

- **Evolución del Genoma:** Contribuyen a la diversidad del genoma.
- **Regulación Génica:** Su movimiento puede activar o silenciar genes cercanos.
- **Enfermedades:** La actividad de LINE-1 se ha asociado con algunos tipos de cáncer y trastornos neurológicos.

## 4.6. Epigenética – Más allá del Código Genético

La epigenética se refiere a los cambios hereditarios en la actividad génica que ocurren sin alterar la secuencia de ADN. Estos cambios son influenciados por el entorno, el estilo de vida y el desarrollo.

**Mecanismos Epigenéticos Comunes:**

- **Metilación del ADN:** La adición de grupos metilo al ADN puede silenciar genes.
- **Modificación de Histonas:** Las proteínas alrededor de las cuales se enrolla el ADN son modificadas químicamente para activar o desactivar genes.
- **ARN no codificante:** Algunas moléculas de ARN ayudan a regular la expresión génica.

**Epigenética y Enfermedades**

Los cambios epigenéticos se han relacionado con:

- **Cáncer** — Silenciamiento de genes supresores de tumores.
- **Trastornos neurológicos** — Regulación génica anormal.
- **Envejecimiento** — Cambios en la expresión génica a lo largo del tiempo.

## 4.7. Asociaciones Gen-Enfermedad

El estudio de las asociaciones entre genes y enfermedades ayuda a los científicos a entender cómo las variaciones genéticas contribuyen a las enfermedades. Los avances en estudios de asociación de todo el genoma (GWAS) han identificado miles de genes asociados con condiciones como:

- Diabetes
- Enfermedades cardíacas

- Cáncer
- Trastornos neurológicos

**Riesgo Genético vs. Influencia Ambiental**

Algunas enfermedades son puramente genéticas, causadas por mutaciones en un solo gen (como la fibrosis quística). Otras surgen de una compleja interacción entre predisposición genética y factores ambientales.

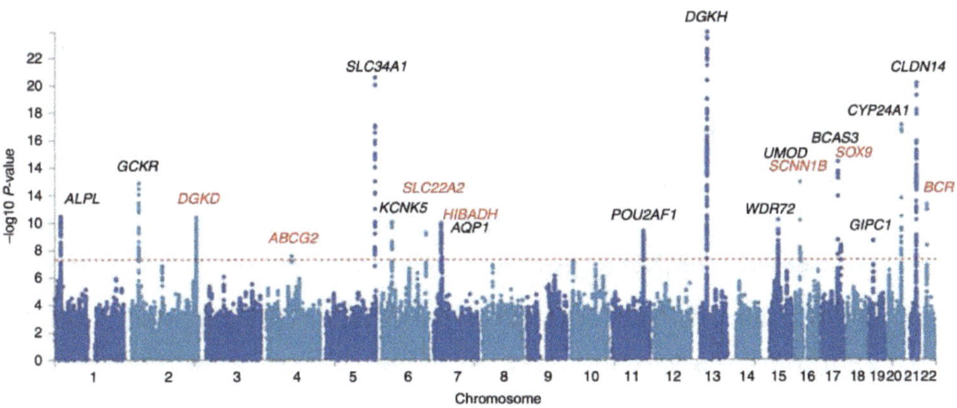


*Figura 4.2: Gráfico Manhattan de un estudio de asociación del genoma completo (GWAS) sobre la enfermedad de cálculos renales. Fuente: https://en.wikipedia.org/wiki/Genome-wide_association_study*

## 4.8. Ingeniería Inversa del Genoma

Los científicos cada vez más aplican la **ingeniería inversa** a la información genética para entender la evolución, las enfermedades y el desarrollo. Esto implica:

- **Genómica Comparativa:** Comparar genomas entre especies para encontrar genes conservados.
- **Edición Genética:** Técnicas como **CRISPR** permiten a los científicos editar genes directamente, lo que abre el potencial para la terapia

génica.

- **Biología Sintética:** Los científicos pueden diseñar nuevos genes o incluso organismos sintéticos completos.

Aquí está el enlace a una ilustración del proceso de edición genética con CRISPR: https://www.genome.gov/genetics-glossary/CRISPR

**Resumen del Capítulo**

- La genética es la base de la biología, ya que regula la herencia, el desarrollo y la evolución.
- El **ADN** codifica las instrucciones para la vida, mientras que la **epigenética** controla cómo se utilizan esas instrucciones.
- Elementos transponibles como **LINE-1** moldean los genomas a través de su movimiento.
- Herramientas modernas como **GWAS** y **CRISPR** nos ayudan a entender las asociaciones entre genes y enfermedades, y a desarrollar nuevas terapias.
- Comprender el plano genético es clave para entender la propia vida.

# 5. Conociendo los Átomos

## 5.1. Introducción

En el nivel más fundamental, toda la vida — desde la bacteria más simple hasta la ballena más grande — está construida a partir de **átomos**. Comprender los átomos es esencial para entender la biología, ya que los átomos se combinan para formar moléculas, que forman células, y, en última instancia, organismos completos.

Los átomos son las **unidades básicas de la materia**. Están compuestos por un núcleo central, que contiene **protones** y **neutrones**, y **electrones** que orbitan alrededor de este núcleo.

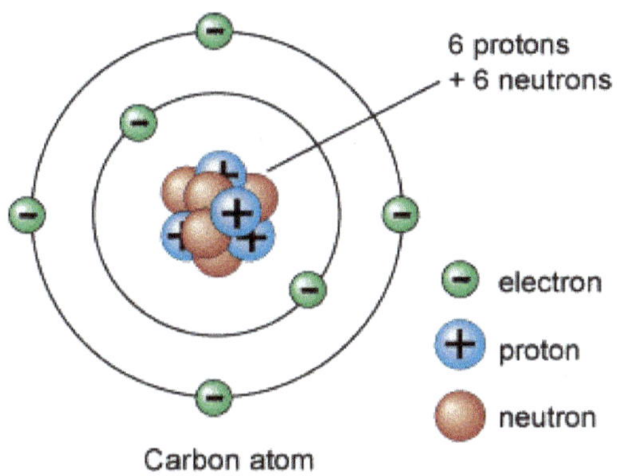


*Figura 5.1: Un átomo consiste en un núcleo central, que contiene protones y neutrones, y electrones que orbitan alrededor de este núcleo. Fuente: https://www.universetoday.com/56469/atom-diagram/*

## 5.2. Partículas Subatómicas

Cada átomo está formado por tres partículas subatómicas principales, cada una con propiedades distintas.

## Tabla 5.1: Propiedades de las Partículas Subatómicas

| Partícula | Carga | Masa Relativa | Ubicación |
|---|---|---|---|
| Protón | Positiva (+) | 1 | Núcleo |
| Neutrón | Neutra (0) | 1 | Núcleo |
| Electrón | Negativa (-) | Aproximadamente 0 | Orbitando el núcleo |

## 5.3. El Núcleo Atómico

En el núcleo de cada átomo se encuentra el núcleo atómico, una región compacta que contiene protones y neutrones.

### Protones

- Carga positiva (+1).
- Determinan el número atómico: el número de protones define qué elemento es un átomo (por ejemplo, el carbono tiene 6 protones).

### Neutrones

- Sin carga (neutros).
- Estabilizan el núcleo al separar los protones cargados positivamente, que de otro modo se repelerían entre sí.
- Diferentes números de neutrones crean isótopos: átomos del mismo elemento con distintas masas.

El núcleo es increíblemente denso: casi toda la masa del átomo reside aquí.

## 5.4. Electrones – Los Motores y Agitadores

Los electrones son diminutas partículas con carga negativa que orbitan el núcleo en regiones llamadas capas electrónicas u orbitales. Son cruciales para los enlaces químicos y las interacciones biológicas.

### Datos clave sobre los electrones

- **Masa:** Casi insignificante en comparación con protones y neutrones.
- **Ubicación:** Se mueven dentro de regiones probabilísticas llamadas orbitales, no en trayectorias fijas.
- **Carga:** Negativa (-1), equilibrando la carga positiva de los protones.
- **Reacciones químicas:** Los electrones son responsables de formar enlaces químicos, permitiendo que los átomos se combinen para formar moléculas.

### Electrones de valencia

Los electrones en la capa más externa (llamada capa de valencia) son los que participan en las reacciones químicas. Los átomos ganan, pierden o comparten estos electrones para lograr estabilidad, formando:

- **Enlaces iónicos** (transferencia de electrones).
- **Enlaces covalentes** (compartición de electrones).

## 5.5. Neutrones – Los Estabilizadores Silenciosos

Mientras que los protones definen el elemento, los neutrones ayudan a mantener unido el núcleo. Sin neutrones, las fuerzas repulsivas entre protones harían explotar el núcleo. El equilibrio entre protones y neutrones determina la estabilidad nuclear.

### Isótopos

Los isótopos son átomos del mismo elemento con diferentes números de neutrones. Por ejemplo, el carbono-12 y el carbono-14 son ambos isótopos de carbono, pero el carbono-14 tiene dos neutrones adicionales. Algunos isótopos son estables, mientras que otros son radiactivos y se descomponen con el tiempo.

**Resumen del Capítulo**

- Los átomos son los bloques fundamentales de todas las moléculas biológicas.
- Cada átomo está formado por protones, neutrones y electrones, cada uno con un papel específico.
- El núcleo contiene protones (con carga positiva) y neutrones (neutros), proporcionando la masa del átomo.
- Los electrones (con carga negativa) orbitan el núcleo y son responsables de las reacciones químicas.
- Los neutrones aportan estabilidad nuclear y crean isótopos, algunos de los cuales se utilizan en la investigación biológica y en la medicina.

# 6. Cómo los Enlaces Químicos Combinan Átomos

Las moléculas que componen a todos los seres vivos —incluyéndote a ti— se mantienen unidas mediante enlaces químicos. Estos enlaces se forman entre átomos para crear estabilidad y permitir que surjan estructuras complejas a partir de elementos simples. Comprender estos enlaces es esencial para entender cómo funcionan las moléculas biológicas.

## 6.1. Enlace Covalente

Un enlace covalente se forma cuando dos átomos comparten uno o más pares de electrones. Esta compartición permite que ambos átomos logren una configuración electrónica más estable, a menudo llenando sus capas electrónicas externas. Los enlaces covalentes son particularmente importantes en las moléculas biológicas, como el ADN, las proteínas y los carbohidratos, donde los átomos de carbono se enlazan covalentemente con hidrógeno, oxígeno, nitrógeno y otros átomos.

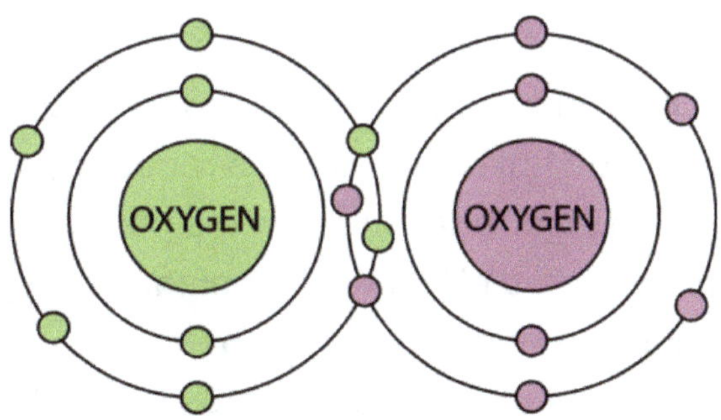


*Figura 6.1: Dos átomos de oxígeno compartiendo electrones para formar un enlace covalente.*

## 6.2. Ionic Bond

An **ionic bond** forms when one atom **donates** one or more electrons to another atom, creating **ions** — charged atoms. The atom that loses electrons becomes a **positively charged ion (cation)**, while the atom that gains electrons becomes a **negatively charged ion (anion)**. The **electrostatic attraction** between these oppositely charged ions forms the ionic bond.

For example, **sodium (Na)** donates one electron to **chlorine (Cl)**, forming **$Na^+$** and **$Cl^-$**, which combine to form **sodium chloride (NaCl)** — common table salt.

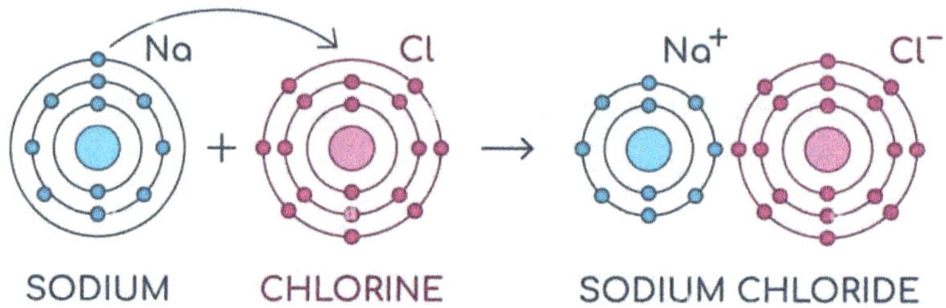


*Figura 6.2: Ilustración que muestra la transferencia de electrones y la formación de un enlace iónico en el cloruro de sodio.*

## 6.3. Enlace Metálico

Un enlace metálico ocurre en los metales, donde los átomos comparten un "mar de electrones" que fluye libremente alrededor y entre los átomos. Este movimiento libre de electrones otorga a los metales sus propiedades únicas, como la conductividad eléctrica, la maleabilidad y el brillo. Aunque los enlaces metálicos son menos relevantes para las moléculas biológicas, son importantes para comprender los implantes biomédicos y los instrumentos fabricados con metales.

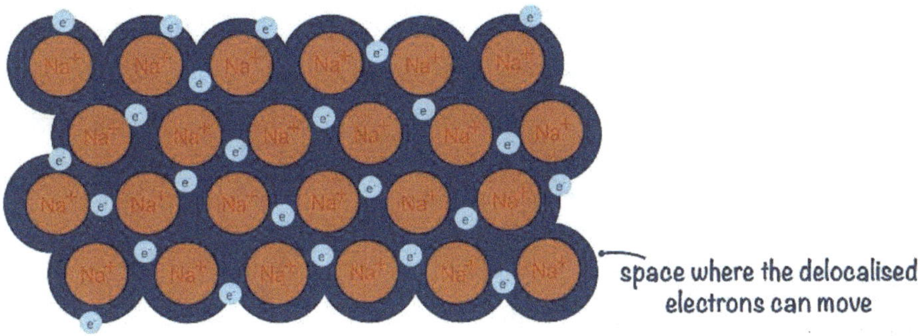


*Figura 6.3: Ilustración de un enlace metálico con electrones en movimiento libre. Fuente: https://www.chemistrystudent.com/metallicbonding.html*

## 6.4. Enlace Sencillo

Un enlace sencillo es un tipo de enlace covalente en el que solo se comparte un par de electrones entre dos átomos. Los enlaces sencillos son comunes en las moléculas orgánicas, donde los átomos de carbono forman enlaces sencillos con átomos de hidrógeno y con otros átomos de carbono. Ejemplo: **H—H (molécula de hidrógeno).**

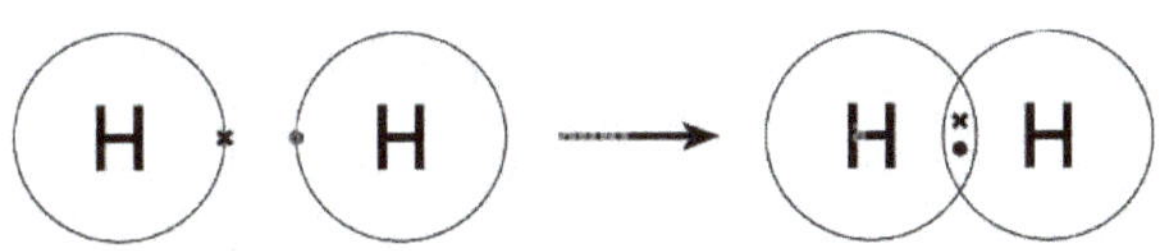


*Figura 6.4: Ilustración de un enlace sencillo entre átomos de hidrógeno.*

## 6.5. Enlace Doble

Un enlace doble se forma cuando dos pares de electrones son compartidos entre dos átomos. Los enlaces dobles son más fuertes que los enlaces sencillos e influyen en la forma y las propiedades de las moléculas. Ejemplo: **O=O (molécula de oxígeno).**

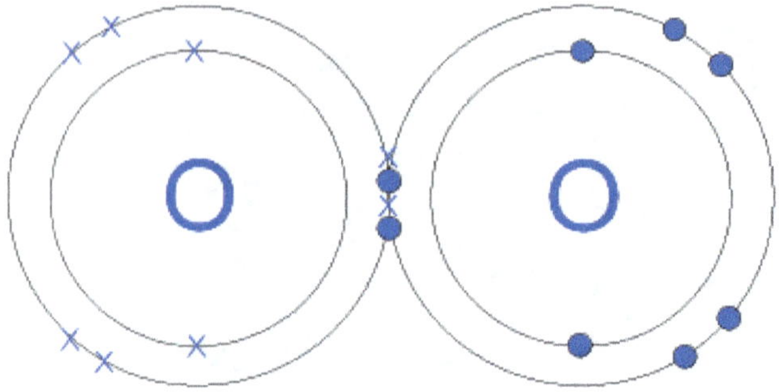


*Figura 6.5: Ilustración de un enlace doble entre átomos de oxígeno.*

## 6.6. Fuerza Electroestática

Las fuerzas electrostáticas son las fuerzas de atracción o repulsión entre partículas cargadas. Estas fuerzas desempeñan un papel fundamental en los enlaces iónicos e influyen en cómo las moléculas cargadas interactúan dentro de los sistemas biológicos.

## 6.7. Atracción Electroestática

Esta es la fuerza que atrae cargas opuestas entre sí. La atracción electrostática es esencial en los enlaces iónicos y también ayuda a estabilizar las estructuras de las proteínas, donde las cadenas laterales de aminoácidos con cargas opuestas se atraen entre sí.

## 6.8. Fuerza de Repulsión Electroestática

La fuerza de repulsión electrostática ocurre cuando partículas con la misma carga se repelen entre sí. Esto es crucial en los sistemas biológicos, como en los grupos fosfato del ADN, que tienen carga negativa y se repelen entre sí — un factor que influye en la estructura helicoidal de la molécula de ADN.

# 7. Agua, Soluciones y Mezclas

La vida tal como la conocemos depende en gran medida del agua y de las diversas soluciones y mezclas que se forman con ella. El agua es conocida como el **disolvente universal** porque disuelve más sustancias que cualquier otro líquido. En los organismos vivos, los procesos biológicos dependen en gran medida de la formación de soluciones, donde las sustancias se disuelven y son transportadas dentro de las células y los tejidos. En este capítulo, exploraremos las propiedades del agua, el concepto de soluciones y la naturaleza de las mezclas.

## 7.1. Fuerzas Intermoleculares

Las fuerzas intermoleculares son las fuerzas de atracción o repulsión entre moléculas. Estas fuerzas son más débiles que los enlaces covalentes o iónicos, pero siguen desempeñando un papel fundamental en cómo se disuelven las sustancias y cómo se comportan las mezclas.

Existen tres tipos principales de fuerzas intermoleculares:

- **Puentes de hidrógeno**: Atracción entre un átomo de hidrógeno covalentemente unido a un átomo altamente electronegativo (como oxígeno o nitrógeno) y otro átomo electronegativo cercano. Esto es especialmente importante en el agua.

- **Interacciones dipolo-dipolo**: Atracciones entre moléculas polares, donde las cargas parciales positivas y negativas se atraen entre sí.

- **Fuerzas de Van der Waals**: Atracciones débiles entre moléculas no polares causadas por dipolos temporales.

## 7.2. Solubilidad de un Soluto

La solubilidad se refiere a la cantidad de un soluto (la sustancia que se disuelve) que puede disolverse en una cantidad dada de solvente (el medio que disuelve), a menudo agua. La solubilidad está influenciada por:

- **Temperatura**: En la mayoría de los casos, al aumentar la temperatura aumenta la solubilidad de los sólidos, pero disminuye la solubilidad de los gases.
- **Polaridad**: La regla **"lo semejante disuelve a lo semejante"** indica que los solutos polares se disuelven bien en disolventes polares (como el agua), mientras que los solutos no polares se disuelven mejor en disolventes no polares (como el aceite).

## 7.3. Naturaleza Iónica de las Soluciones Líquidas

Muchas soluciones biológicas, como el plasma sanguíneo y el citoplasma, son soluciones electrolíticas, lo que significa que contienen iones que conducen la electricidad. Cuando un compuesto iónico se disuelve en agua, se disocia en iones positivos y negativos, que son rodeados por moléculas de agua en un proceso llamado **hidratación**.

Por ejemplo, al disolver **NaCl (sal de mesa)** en agua, se produce:

$$NaCl \rightarrow Na^{+} + Cl^{-}$$

La capacidad de formar soluciones iónicas es crucial para procesos biológicos como la transmisión de impulsos nerviosos, la contracción muscular y la regulación del pH.

### 7.4. Agentes Estabilizadores en Soluciones Líquidas

En algunas mezclas, los agentes estabilizadores ayudan a prevenir la separación o aglomeración de partículas. Estos agentes, también llamados **emulsionantes** o **surfactantes**, tienen regiones tanto polares como no polares, lo que les permite conectar componentes solubles en agua y solubles en grasa.

**Ejemplo:** Las sales biliares actúan como emulsionantes en el sistema digestivo, ayudando a descomponer las grasas en **micelas** que pueden ser absorbidas por el intestino.

## 7.5. Clasificación de las Mezclas

Las mezclas son combinaciones de dos o más sustancias que no están unidas químicamente. Pueden clasificarse en:

- **Mezclas homogéneas (soluciones)**: La composición es uniforme en toda la mezcla (por ejemplo, agua con sal).
- **Mezclas heterogéneas**: La composición no es uniforme y se pueden distinguir los diferentes componentes (por ejemplo, agua y aceite).
- **Coloides**: Las partículas son más grandes que en las soluciones, pero demasiado pequeñas para sedimentar (por ejemplo, la leche).
- **Suspensiones**: Contienen partículas grandes que eventualmente se sedimentan (por ejemplo, agua con barro).

## 7.6. Conceptos Erróneos sobre Química

Al estudiar soluciones y mezclas, existen conceptos erróneos comunes, entre ellos:

- **Pensar que disolver significa desaparecer**: En realidad, las sustancias disueltas siguen presentes, solo que en forma molecular o iónica.
- **Confundir fusión con disolución**: La fusión es un cambio físico de fase, mientras que la disolución implica interacción con un disolvente.
- **Creer que agitar siempre aumenta la solubilidad**: Agitar

incrementa la velocidad de disolución, pero no la cantidad máxima que puede disolverse.

Corregir estos conceptos erróneos es fundamental para comprender los procesos biológicos, donde las mezclas y soluciones desempeñan roles esenciales.

# 8. ¿Qué Elementos Están en las Células?

Las células, las unidades básicas de la vida, están compuestas principalmente por un pequeño grupo de elementos esenciales que forman los bloques fundamentales de las moléculas biológicas. Estos elementos se combinan de diferentes maneras para crear **proteínas**, **lípidos**, **carbohidratos** y **ácidos nucleicos**, todos necesarios para la vida. Veamos algunos de los elementos más importantes presentes en las células y sus funciones.

## 8.1. Carbono: La Columna Vertebral de la Vida

El carbono es conocido como el **elemento de la vida** debido a su capacidad única para formar cuatro enlaces covalentes, lo que le permite crear **cadenas**, **anillos** y **ramificaciones** complejas. Estas estructuras sirven como la columna vertebral de moléculas orgánicas como proteínas, lípidos y ADN.
En las células, los átomos de carbono se enlazan con hidrógeno, oxígeno, nitrógeno y otros elementos para formar las **macromoléculas esenciales para la vida**.

## 8.2. Hidrógeno: Vital para el Agua y los Compuestos Orgánicos

El hidrógeno es el **elemento más abundante en el universo** y juega un papel crucial en las células. Forma parte del **agua ($H_2O$)**, el medio donde ocurren todos los procesos biológicos. Los átomos de hidrógeno también están presentes en casi todas las biomoléculas, incluidas las **aminoácidos**, **grasas** y **nucleótidos**.
Además, los **puentes de hidrógeno** — interacciones débiles entre átomos de hidrógeno y átomos electronegativos como oxígeno o nitrógeno — ayudan a **estabilizar la estructura del ADN** y las proteínas.

## 8.3. Hemoglobina: Hierro y Transporte de Oxígeno

Aunque el hierro no es uno de los elementos más abundantes en las células, es **vital para la hemoglobina**, la proteína en los glóbulos rojos que transporta oxígeno por todo el cuerpo. Cada molécula de hemoglobina contiene átomos de hierro, que se unen a moléculas de oxígeno, permitiendo que las células reciban el oxígeno necesario para la **respiración celular**.

## 8.4. Fósforo: Energía y Estructura del ADN

El fósforo es esencial por dos razones principales:

1. **Columna vertebral del ADN y ARN**: Los grupos fosfato enlazan nucleótidos para formar la **estructura azúcar-fosfato** del ADN y el ARN.

2. **Moneda energética**: El **adenosín trifosfato (ATP)**, la principal molécula portadora de energía de la célula, contiene tres grupos fosfato, que liberan energía cuando se rompen.

Sin fósforo, las células no podrían **almacenar ni transferir energía**, ni codificar la **información genética**.

## 8.5. Nitrógeno: Clave para las Proteínas y los Ácidos Nucleicos

El **nitrógeno** es un componente fundamental de los **aminoácidos**, los bloques constructores de las **proteínas**, y de los **nucleótidos**, que forman el **ADN** y el **ARN**. La presencia de nitrógeno en estas moléculas permite a las células construir **enzimas**, **proteínas estructurales** y **material genético**.

En la naturaleza, el proceso de **fijación de nitrógeno** — que convierte el **nitrógeno atmosférico ($N_2$)** en formas utilizables por las células, como el **amoníaco ($NH_3$)** — es realizado por **bacterias especializadas** que viven en el suelo y en las raíces de algunas plantas.

Estos cinco elementos — **carbono, hidrógeno, fósforo, nitrógeno e hierro** — son solo algunos de los elementos esenciales para la vida, pero se encuentran entre los **más importantes**. Juntos, permiten a las células **construir moléculas**, **almacenar energía** y **realizar procesos esenciales** para la supervivencia.

# 9. Las macromoléculas son las moléculas “grandes” en los seres vivos

La vida depende de las **macromoléculas**, que son moléculas grandes y complejas formadas a partir de bloques de construcción más pequeños. Estas macromoléculas desempeñan funciones esenciales dentro de las células, desde almacenar información genética hasta proporcionar energía y construir componentes estructurales.

## 9.1. Biomoléculas: Los cuatro tipos principales

Todos los organismos vivos dependen de cuatro categorías principales de biomoléculas, que también se llaman macromoléculas:

- **Carbohidratos**
- **Proteínas**
- **Lípidos**
- **Ácidos nucleicos**

Estas moléculas grandes se forman a partir de **monómeros** más pequeños, que se unen entre sí mediante un proceso llamado **polimerización**.

## 9.2. Funciones de las macromoléculas

Cada tipo de macromolécula cumple funciones específicas y críticas para los procesos celulares:

- **Carbohidratos**: Proporcionan energía y soporte estructural.
- **Proteínas**: Actúan como enzimas, componentes estructurales, hormonas y más.

- **Lípidos**: Almacenan energía, forman membranas celulares y proporcionan aislamiento.
- **Ácidos nucleicos**: Almacenan y transmiten información genética (ADN y ARN).

## 9.3. Estructura general de las macromoléculas

Aunque cada tipo de macromolécula tiene una forma y función diferente, comparten una característica común: son **polímeros**, lo que significa que están formadas por unidades repetidas llamadas **monómeros**.

- Los **carbohidratos** están formados por unidades de azúcar (monosacáridos).
- Las **proteínas** están formadas por aminoácidos.
- Los **ácidos nucleicos** están formados por nucleótidos.
- Los **lípidos** no son polímeros verdaderos, pero a menudo contienen largas cadenas de hidrocarburos o ácidos grasos.

## 9.4. Elementos clave en las macromoléculas

Diferentes macromoléculas contienen distintas combinaciones de elementos esenciales:

- **Carbono (C)**: Forma el esqueleto de todas las moléculas orgánicas.
- **Hidrógeno (H)**: Presente en todas las macromoléculas.
- **Oxígeno (O)**: Especialmente importante en carbohidratos y ácidos nucleicos.
- **Nitrógeno (N)**: Se encuentra en las proteínas (aminoácidos) y en los ácidos nucleicos.

- **Fósforo (P)**: Componente clave de los ácidos nucleicos y de las membranas celulares.
- **Azufre (S)**: Presente en ciertos aminoácidos (como cisteína y metionina).

## 9.5. Carbohidratos: Energía rápida y soporte estructural

Los carbohidratos son macromoléculas compuestas principalmente de carbono, hidrógeno y oxígeno, típicamente en una proporción de **1:2:1**.

**Funciones principales**

- **Almacenamiento de energía**: La glucosa, un azúcar simple, es una fuente primaria de energía para las células.
- **Soporte estructural**: La celulosa en las plantas y la quitina en hongos e insectos proporcionan un soporte estructural rígido.

**Tipos de carbohidratos**

- **Monosacáridos**: Azúcares simples (por ejemplo, glucosa, fructosa).
- **Disacáridos**: Dos monosacáridos unidos (por ejemplo, sacarosa).
- **Polisacáridos**: Largas cadenas de monosacáridos (por ejemplo, almidón, glucógeno, celulosa).

## 9.6. Ácidos nucleicos: Portadores de instrucciones genéticas

Los ácidos nucleicos almacenan y transmiten información genética en todos los organismos vivos. Hay dos tipos principales:

- **Ácido desoxirribonucleico (ADN)**: Almacena el código genético.
- **Ácido ribonucleico (ARN)**: Ayuda a convertir el código genético en

proteínas.

**Estructura**

Los ácidos nucleicos están formados por **nucleótidos**, cada uno compuesto por:

- Un grupo fosfato
- Un azúcar (desoxirribosa o ribosa)
- Una base nitrogenada (A, T, C, G o U)

**Funciones**

- El **ADN** almacena las instrucciones para fabricar proteínas.
- El **ARN** ayuda a traducir esas instrucciones en proteínas reales.

Las macromoléculas son la base de la vida biológica, permitiendo que las células almacenen información, construyan estructuras, descompongan nutrientes y realicen reacciones químicas esenciales. Comprender su composición, estructura y función es clave para entender cómo funciona la vida misma.

## 10. Termodinámica en los seres vivos

Todos los procesos biológicos —desde la fotosíntesis hasta la contracción muscular— dependen del flujo y la transformación de energía. Comprender cómo se comporta la energía en los sistemas vivos requiere el conocimiento de la **termodinámica**, que es el estudio de la transferencia y conversión de energía.

### 10.1. Las primeras y segundas leyes de la termodinámica en los seres vivos

Los organismos vivos obedecen las leyes de la termodinámica, al igual que todos los demás sistemas del universo. Sin embargo, los seres vivos existen en un **sistema abierto**, intercambiando constantemente materia y energía con su entorno.

- **Primera ley de la termodinámica (Ley de conservación de la energía)**: establece que la energía no puede crearse ni destruirse, solo transformarse de una forma a otra.
  *Ejemplo*: En la fotosíntesis, la energía lumínica del sol se convierte en energía química almacenada en la glucosa.

- **Segunda ley de la termodinámica**: establece que las transformaciones de energía siempre aumentan la **entropía** (desorden) total del universo. Esto significa que siempre se pierde algo de energía en forma de calor durante cualquier proceso biológico.

### 10.2. Cambio de energía de Gibbs

Para entender si una reacción puede ocurrir espontáneamente en las células, los científicos utilizan el **Cambio de Energía Libre de Gibbs (ΔG)**.

- Si **ΔG es negativo (<0)**, el proceso es **espontáneo** y puede ocurrir sin necesidad de un aporte adicional de energía. Esto se llama una **reacción exergónica**.
- Si **ΔG es positivo (>0)**, el proceso requiere un **aporte de energía** para poder llevarse a cabo. Esto se llama una **reacción endergónica**.
- Los sistemas biológicos **acoplan reacciones**, utilizando reacciones que liberan energía (como la **hidrólisis de ATP**) para impulsar reacciones que requieren energía.

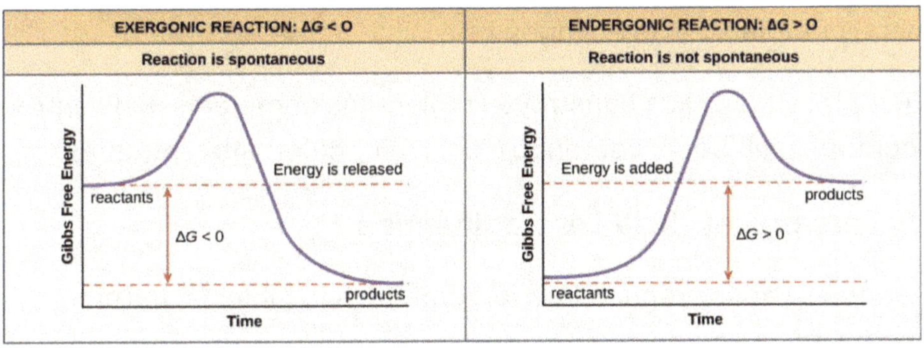


*Figura 10.1: Ilustración de la diferencia entre una reacción* ***exergónica*** *(ΔG < 0) y una reacción* ***endergónica*** *(ΔG > 0). Fuente: Khan Academy - Energía libre de Gibbs*

## 10.3. Primera Ley de la Termodinámica

La Primera Ley de la Termodinámica es una declaración de la conservación de la energía:
La energía en un sistema cerrado es constante. Solo puede cambiar de forma, pero la cantidad total permanece igual.

En los organismos vivos, la energía fluye continuamente:
- La energía luminosa entra a través de la fotosíntesis.
- La energía química (como la glucosa) alimenta el metabolismo.
- La energía térmica sale del sistema.

Esta entrada y salida constantes permiten que la vida funcione a pesar de las restricciones de la Primera Ley.

## 10.4. Segunda Ley de la Termodinámica

La Segunda Ley de la Termodinámica resalta una tendencia universal hacia el desorden:
Cada transferencia de energía aumenta la entropía del universo.

Los organismos vivos mantienen el orden (baja entropía) dentro de sí mismos al liberar calor residual y desorden hacia su entorno. De esta manera, cumplen con la Segunda Ley.

Ejemplo: Las células construyen moléculas complejas (baja entropía) al descomponer glucosa, liberando $CO_2$, $H_2O$ y calor (alta entropía).

## 10.5. Tercera Ley de la Termodinámica

Aunque se aplica menos frecuentemente a la biología, la Tercera Ley de la Termodinámica establece:
A medida que un sistema se acerca al cero absoluto (0 K), la entropía del sistema se aproxima a un valor mínimo.

Esta ley es principalmente relevante para la física teórica, pero destaca la relación entre temperatura y desorden. Incluso en las células, temperaturas más bajas reducen el movimiento molecular y las tasas de reacción.

## 10.6. Aplicación a los Organismos

Los sistemas vivos son sistemas abiertos, lo que significa que intercambian tanto energía como materia con su entorno. Así es como mantienen su organización y funcionamiento.

**Ejemplos de Termodinámica en Biología**

- **Fotosíntesis**: Convierte energía luminosa en energía química, obedeciendo la Primera Ley.
- **Respiración celular**: Libera energía química almacenada y produce calor, aumentando la entropía, siguiendo la Segunda Ley.
- **Homeostasis**: Las células regulan la temperatura, el pH y otros factores para optimizar la actividad enzimática, reflejando indirectamente principios termodinámicos.

La termodinámica da forma a todos los aspectos de la vida, desde el ensamblaje molecular hasta la producción de energía y el funcionamiento celular. Comprender estos principios ayuda a explicar cómo los organismos impulsan sus actividades, mantienen su orden interno e interactúan con su entorno.

## 11. El ATP como "Combustible"

Cada célula viva necesita energía para funcionar, y la principal **moneda energética** de la célula es el **adenosín trifosfato**, o **ATP**. Esta pequeña molécula actúa como una **batería recargable**, almacenando y transfiriendo energía para prácticamente todos los procesos celulares.

### ¿Qué hace especial al ATP?

El ATP está compuesto por:

- Una base **adenina**
- Un azúcar **ribosa**
- **Tres grupos fosfato**

Los enlaces entre los grupos fosfato son **enlaces de alta energía**, lo que significa que romperlos libera energía que la célula puede usar para:

- **Contracción muscular**
- **Síntesis de moléculas**
- **Transporte de iones a través de membranas**

### Hidrólisis de ATP

La reacción más importante que involucra al ATP es la **hidrólisis**:

$$ATP \rightarrow ADP + Pi + energía$$

Esta liberación de energía impulsa la mayoría de los trabajos celulares, vinculando las **vías catabólicas** y **anabólicas**.

# 12. Metabolismo y Enzimas en la Célula

El metabolismo se refiere a la suma de todas las reacciones químicas que ocurren en una célula. Incluye tanto:

- **Vías catabólicas**, que descomponen moléculas para liberar energía.
- **Vías anabólicas**, que construyen moléculas complejas, requiriendo un aporte de energía.

## 12.1. Complejidad metabólica

Las células son fábricas químicas, ejecutando miles de reacciones simultáneamente. Estas reacciones están estrechamente vinculadas en **vías metabólicas**, donde el producto de un paso se convierte en el reactivo del siguiente.

### Redes metabólicas

El metabolismo de una célula no es lineal, sino que forma una red compleja de vías interconectadas. Esto permite a las células:

- Adaptarse a entornos cambiantes
- Priorizar funciones esenciales
- Almacenar o liberar energía de manera eficiente

## 12.2. Regulación de las enzimas

Las **enzimas** son catalizadores biológicos que aceleran las reacciones al **reducir la energía de activación**. Las células regulan cuidadosamente sus enzimas para controlar el metabolismo.

### Mecanismos de regulación

- **Regulación alostérica**: Moléculas se unen a una enzima en un sitio diferente al sitio activo, alterando su actividad.
- **Inhibición por retroalimentación**: El producto final de una vía inhibe una enzima anterior para evitar la sobreproducción.
- **Regulación génica**: Las células controlan la producción de enzimas a nivel del ADN, activando o desactivando genes.

## 12.3. Coenzimas

Las **coenzimas** son moléculas orgánicas que ayudan a las enzimas a catalizar reacciones. Muchas **vitaminas** actúan como coenzimas o precursores de coenzimas.

### Ejemplos

- **$NAD^+$** (Nicotinamida adenina dinucleótido) ayuda a transferir electrones en la respiración celular.
- **Coenzima A (CoA)** transporta grupos acetilo en el metabolismo.

## 12.4. Cofactores

Los **cofactores** son ayudantes no proteicos que algunas enzimas necesitan para funcionar. Estos pueden ser:

- **Iones metálicos** (como $Mg^{2+}$ o $Fe^{2+}$)
- **Pequeñas moléculas orgánicas** (coenzimas)

Sin los cofactores adecuados, muchas enzimas no pueden funcionar correctamente.

En conjunto, **enzimas**, **coenzimas** y **cofactores** aseguran que el metabolismo funcione de manera eficiente, permitiendo a las células **convertir energía**, **construir nuevas moléculas** y **responder a los cambios ambientales**.

# 13. La Membrana Plasmática: El Guardián de la Célula

La **membrana plasmática** es una estructura esencial que define el límite de la célula y controla el movimiento de sustancias dentro y fuera de ella. A menudo llamada el **guardián**, juega un papel central en el mantenimiento de la **homeostasis celular**.

### 13.1. Funciones de la Membrana Plasmática

La membrana plasmática desempeña varias funciones críticas, entre ellas:

- Separar el entorno interno de la célula del entorno externo.
- Regular la entrada y salida de moléculas.
- Permitir la **comunicación entre células**.
- Anclar el **citoesqueleto**, proporcionando forma y soporte.
- Participar en la **señalización celular** a través de proteínas receptoras.

## 13.2. Estructura

La membrana plasmática sigue el **modelo de mosaico fluido**, donde **fosfolípidos**, **proteínas** y **carbohidratos** se desplazan constantemente dentro de una bicapa flexible.

### Componentes estructurales clave

- **Bicapa de fosfolípidos**: Dos capas de fosfolípidos con **cabezas hidrofílicas** orientadas hacia el exterior y **colas hidrofóbicas** hacia el interior.
- **Proteínas**: Proteínas incrustadas que actúan como **canales**,

**transportadores**, **receptores** o **enzimas**.

- **Carbohidratos**: Unidos a proteínas (**glucoproteínas**) o lípidos (**glucolípidos**), ayudan en el reconocimiento celular.
- **Colesterol**: Mantiene la **fluidez y estabilidad**, especialmente en las células animales.

## 13.3. Funciones

La membrana plasmática es mucho más que una barrera; desempeña un papel dinámico en la función celular. Sus funciones clave incluyen:

- **Permeabilidad selectiva**: Permite el paso solo de ciertas sustancias.
- **Mecanismos de transporte**: Facilita procesos como la **difusión**, **ósmosis**, **difusión facilitada** y **transporte activo**.
- **Transducción de señales**: Recibe señales del entorno a través de **proteínas receptoras**, desencadenando respuestas internas.
- **Reconocimiento celular**: Utiliza **glucoproteínas** para el reconocimiento celular, como en las respuestas del sistema inmunológico.

## 13.4. Composición

La membrana plasmática está compuesta principalmente por:

- **Fosfolípidos** (componente estructural principal).
- **Proteínas** (integrales y periféricas).
- **Carbohidratos** (reconocimiento y adhesión celular).
- **Colesterol** (regula la fluidez).

### Colas hidrofóbicas y cabezas hidrofílicas

- Las **cabezas hidrofílicas** interactúan con el agua dentro y fuera de la célula.
- Las **colas hidrofóbicas** evitan el agua, formando el núcleo interno de la bicapa.
  Esta **naturaleza dual** permite que la membrana forme una barrera estable en un entorno acuoso.

## 13.5. Proteínas

Las **proteínas de membrana** son esenciales para el transporte, la comunicación y el reconocimiento celular.

### Tipos de proteínas de membrana

- **Proteínas de transporte**: Facilitan el movimiento de moléculas a través de la membrana.
- **Proteínas receptoras**: Se unen a moléculas señalizadoras para iniciar respuestas celulares.
- **Proteínas enzimáticas**: Catalizan reacciones directamente en la membrana.
- **Proteínas de anclaje**: Se adhieren al citoesqueleto para mantener la forma y estabilidad celular.

## 13.6. Homeostasis celular

Una de las funciones más importantes de la membrana plasmática es mantener la **homeostasis celular** — un entorno interno estable a pesar de las condiciones externas cambiantes. Esto implica:

- Regular las concentraciones de iones.
- Controlar la absorción de nutrientes.
- Eliminar productos de desecho.
- Responder a señales del entorno.

Sin una **membrana plasmática funcional**, las células perderían su integridad y morirían.

# 14. Difusión y Ósmosis

La **difusión** y la **ósmosis** son procesos fundamentales que describen cómo las moléculas y el agua se mueven a través de las membranas celulares. Ambos son vitales para **mantener la homeostasis celular** y asegurar el correcto funcionamiento de la célula.

## 14.1. Difusión

La **difusión** es el movimiento pasivo de moléculas desde un área de mayor concentración hacia un área de menor concentración. Este movimiento continúa hasta que se alcanza el **equilibrio**, donde las moléculas están distribuidas de manera uniforme.

**Características clave de la difusión:**

- No requiere **aporte de energía** por parte de la célula.
- Ocurre debido al **movimiento aleatorio de las moléculas**.
- Es más rápida en gases que en líquidos, y más lenta en sólidos.
- Influido por la temperatura, el gradiente de concentración y el tamaño de las moléculas.

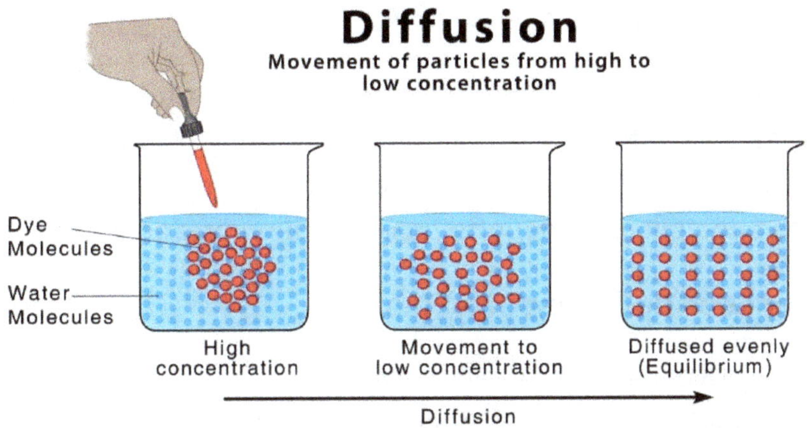


*Figura 14.1: Ilustración del proceso de difusión. Fuente: https://www.sciencefacts.net/diffusion.html*

## 14.2. Ósmosis

La ósmosis es un tipo especial de difusión que implica el movimiento de moléculas de agua a través de una membrana semipermeable. El agua se mueve desde un área de menor concentración de soluto (más agua) hacia un área de mayor concentración de soluto (menos agua) para equilibrar las diferencias de concentración.

Características clave de la ósmosis:

- Involucra únicamente moléculas de agua.
- No requiere aporte de energía.
- Es crucial para la regulación del volumen celular.
- Puede hacer que las células se hinchen (solución hipotónica), se encojan (solución hipertónica) o permanezcan igual (solución isotónica).

## 15. Transporte Pasivo y Activo

Las células mueven constantemente sustancias a través de sus membranas plasmáticas para mantener la homeostasis y apoyar las funciones celulares. Estos procesos de transporte se dividen en dos categorías principales: transporte pasivo y transporte activo.

### 15.1. Procesos de Transporte Pasivo

El transporte pasivo es el movimiento de moléculas a través de la membrana celular sin el uso de energía celular (ATP). En su lugar, las moléculas se mueven a favor de su gradiente de concentración, desde áreas de alta concentración hacia áreas de baja concentración.

**Tipos principales de transporte pasivo:**

- **Difusión simple**: Moléculas pequeñas y no polares (por ejemplo, oxígeno, dióxido de carbono) pasan directamente a través de la bicapa lipídica.
- **Difusión facilitada**: Moléculas más grandes o polares (por ejemplo, glucosa, iones) pasan a través de proteínas canal o proteínas transportadoras.
- **Ósmosis**: Movimiento de moléculas de agua a través de una membrana semipermeable.

### 15.2. Naturaleza No Selectiva del Transporte Pasivo

El transporte pasivo suele ser no selectivo, especialmente en la difusión simple. Cualquier molécula que cumpla con las propiedades físicas y químicas de la membrana celular (tamaño, polaridad, carga) puede atravesarla. Esta falta de selectividad permite a las células intercambiar continuamente gases esenciales (como oxígeno y dióxido de carbono) con su entorno.

• La difusión facilitada, sin embargo, puede ser más selectiva debido a la especificidad de las proteínas transportadoras y de canal.

• La falta de selectividad beneficia procesos como el intercambio de gases, donde todas las moléculas de oxígeno pueden difundirse libremente hacia la célula.

## 15.3. Efecto del Contenido de Oxígeno en el Transporte Pasivo

La velocidad del transporte pasivo está fuertemente influenciada por la concentración de oxígeno y otras moléculas. Por ejemplo, cuando la concentración de oxígeno fuera de la célula es alta, las moléculas de oxígeno difunden rápidamente hacia el interior de la célula. A medida que el gradiente de oxígeno disminuye (cuando las concentraciones interna y externa se igualan), la velocidad de difusión se reduce.
Las células en ambientes con poco oxígeno dependen de gradientes de oxígeno pronunciados para maximizar la difusión.

Las tasas de difusión aumentan con:

• Gradientes de concentración más altos.
• Moléculas más pequeñas.
• Temperaturas más altas.

## 15.4. Efecto de los Inhibidores Metabólicos en el Transporte Activo

A diferencia del transporte pasivo, el transporte activo requiere energía en forma de ATP. El transporte activo mueve moléculas en contra de su gradiente de concentración, desde áreas de baja concentración hacia áreas de alta concentración, un proceso que no ocurre espontáneamente.

**Ejemplo:**

• La bomba de sodio-potasio bombea activamente iones de sodio fuera de la célula e iones de potasio dentro de la célula, ambos en contra de sus gradientes de concentración.

Cuando los inhibidores metabólicos (como el cianuro) bloquean la producción de ATP, los procesos de transporte activo se detienen. Esto conduce a:

- Desequilibrios iónicos a través de la membrana.
- Pérdida de la homeostasis celular.
- Posible muerte celular si el transporte no se restablece.

### Tabla 15.1: Comparación de Transporte Pasivo y Activo

| Característica | Transporte Pasivo | Transporte Activo |
|---|---|---|
| **Requisito de energía** | Ninguno | Requiere ATP |
| **Dirección** | A favor del gradiente de concentración | En contra del gradiente de concentración |
| **Selectividad** | A menudo no selectivo | Altamente selectivo |
| **Factores limitantes** | Gradiente de concentración, temperatura | Disponibilidad de ATP, función de las proteínas transportadoras |
| **Ejemplos** | Difusión, ósmosis | Bomba sodio-potasio, endocitosis |

# 16. Señalización Celular

Las células no son entidades aisladas; constantemente se comunican con su entorno y con otras células. Este proceso de comunicación se llama **señalización celular**, y permite a las células coordinar actividades, responder a estímulos y mantener la homeostasis. Las señales pueden provenir de células vecinas, tejidos distantes o incluso del ambiente externo.

La señalización celular sigue un proceso general:

1. **Recepción de la señal** – Una molécula señalizadora (ligando) se une a un receptor.
2. **Transducción de la señal** – La señal es procesada dentro de la célula.
3. **Respuesta celular** – La célula cambia su comportamiento en respuesta a la señal.

## 16.1. Receptores de Superficie Celular

La mayoría de las señales no pueden atravesar directamente la membrana plasmática, especialmente si son hidrofílicas o de gran tamaño. En su lugar, estas señales dependen de **receptores de superficie celular**, proteínas incrustadas en la membrana plasmática que detectan señales externas y desencadenan respuestas internas.

**Tipos de Receptores de Superficie Celular:**

- **Receptores acoplados a proteínas G (GPCRs):** Estos receptores activan proteínas G intracelulares, que a su vez desencadenan segundos mensajeros como el AMPc (adenosín monofosfato cíclico).
- **Receptores de canales iónicos:** Estos receptores forman canales que se

abren cuando un ligando se une, permitiendo el flujo de iones a través de la membrana.

• **Receptores ligados a enzimas:** La unión de la molécula señalizadora activa un dominio enzimático dentro de la célula, lo que a menudo desencadena cascadas de fosforilación.

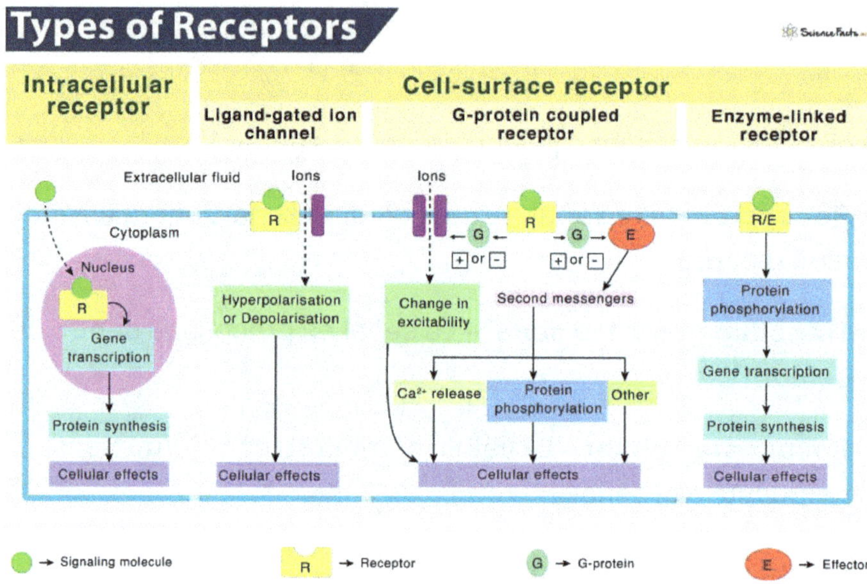


*Figura 16.1: Diferentes tipos de receptores de superficie celular. Fuente: https://www.sciencefacts.net/types-of-receptors.html*

## 16.2. Ligandos Endocrinos

Algunas señales viajan largas distancias a través del cuerpo, como las hormonas secretadas en el torrente sanguíneo. Estas se denominan ligandos endocrinos. Producidos por glándulas especializadas, los ligandos endocrinos influyen en las células objetivo que pueden estar muy lejos del sitio de secreción.

### Ejemplos de Ligandos Endocrinos:

• Insulina: Secretada por el páncreas, la insulina regula los niveles de glucosa en la sangre.

- Adrenalina (Epinefrina): Liberada por las glándulas suprarrenales, prepara al cuerpo para las respuestas de lucha o huida.
- Hormonas tiroideas: Influyen en el metabolismo, el crecimiento y el desarrollo.

Los ligandos endocrinos son lo suficientemente estables como para sobrevivir en el torrente sanguíneo y se unen a receptores específicos en las células objetivo, asegurando que la respuesta correcta ocurra en el lugar adecuado.

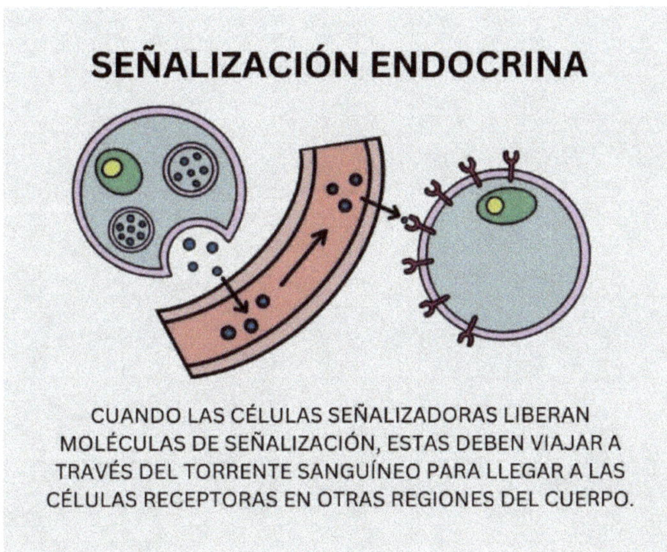


*Figura 16.2: Ilustración que muestra la señalización endocrina desde las glándulas hasta las células distantes. Fuente: https://medium.com/the-131217net/short-and-long-distance-cell-signaling-ef123e90c8d8*

## Resumen

La señalización celular es esencial para la comunicación entre células, lo que permite que trabajen en conjunto en organismos multicelulares. Ya sea a través de receptores de superficie celular o ligandos endocrinos, las células monitorean y responden constantemente a señales internas y externas para mantener la supervivencia, el crecimiento y la homeostasis.

# 17. Oxidación y Reducción

Las reacciones de oxidación y reducción (comúnmente llamadas reacciones redox) son procesos fundamentales en biología, química e incluso en la producción de energía dentro de las células vivas. Estos procesos intervienen en todo, desde la respiración celular hasta la fotosíntesis, y son vitales para la transferencia de energía y los procesos metabólicos.

## 17.1. Guía sobre Oxidación y Reducción

En una reacción redox, los electrones se transfieren de una sustancia a otra. La sustancia que pierde electrones sufre **oxidación**, mientras que la sustancia que gana electrones sufre **reducción**.

- **Oxidación:** Pérdida de electrones.
- **Reducción:** Ganancia de electrones.

Un mnemotécnico útil es **OIL RIG**:

- **Oxidation Is Loss** (la oxidación es pérdida de electrones)
- **Reduction Is Gain** (la reducción es ganancia de electrones)

Estas reacciones suelen ocurrir simultáneamente, lo que significa que cuando una sustancia se oxida, otra se reduce.

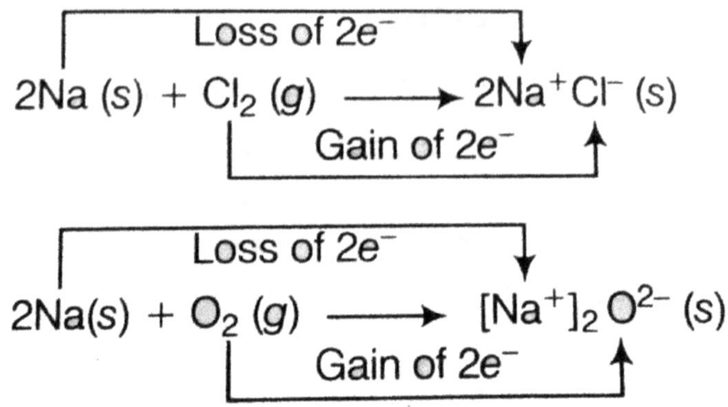


*Figura 17.1: Ilustración de la transferencia de electrones en una reacción redox simple*

## 17.2. Relación entre Agentes Oxidantes y Reductores

En cada reacción redox, hay dos actores clave:

- **Agente oxidante**: La sustancia que acepta electrones y se reduce.
- **Agente reductor**: La sustancia que dona electrones y se oxida.

**Ejemplo:**

En la reacción entre sodio y cloro:

2Na + Cl2 → 2NaCl

- Cada átomo de sodio (Na) dona un electrón (se oxida) — es el **agente reductor**.
- Cada átomo de cloro ($Cl_2$) acepta un electrón (se reduce) — es el **agente oxidante**.

Estos agentes trabajan juntos para impulsar el proceso redox general.

## 17.3. Naturaleza de las Reacciones Redox

Las reacciones redox son cruciales en biología porque están involucradas en:

- **Respiración celular**, donde la glucosa se oxida para producir ATP.
- **Fotosíntesis**, donde el agua se divide (se oxida) y el dióxido de carbono se reduce.
- **Procesos de desintoxicación** en las células, donde las sustancias dañinas son neutralizadas mediante mecanismos redox.

Las reacciones redox también desempeñan un papel clave en procesos industriales, como:

- **Combustión** en motores.
- **Corrosión** de metales.
- **Baterías y celdas de combustible**.

## 17.4. Métodos para Reacciones Redox

Existen varias formas de clasificar y balancear las reacciones redox, especialmente en soluciones acuosas:

- **Método de semirreacciones**: Divide la reacción general en dos mitades, una de oxidación y otra de reducción.
- **Método ion-electrón**: Hace un seguimiento explícito de los electrones.
- **Método del número de oxidación**: Asigna números de oxidación a los átomos y observa los cambios.

**Ejemplo usando semirreacciones:**

$$Zn + Cu^{2+} \rightarrow Zn^{2+} + Cu$$

Semirreacción de oxidación:

$$Zn \rightarrow Zn^{2+} + 2e^-$$

Semirreacción de reducción:

$$Cu^{2+} + 2e^- \rightarrow Cu$$

## 17.5. Ejemplos de Reacciones Redox

### Ejemplo biológico: Respiración celular

La glucosa se oxida y el oxígeno se reduce:

$$C_6H_{12}O_6 + 6O_2 \rightarrow 6CO_2 + 6H_2O$$

### Ejemplo industrial: Formación de óxido (herrumbre)

El hierro reacciona con el oxígeno en presencia de agua:

$$4Fe + 3O_2 + 6H_2O \rightarrow 4Fe(OH)_3$$

- El hierro (Fe) se oxida a $Fe(OH)_3$.
- El oxígeno ($O_2$) se reduce para formar hidróxido.

### Resumen

Las reacciones redox son una parte esencial de los procesos biológicos y las transformaciones químicas. Desde la producción de energía en las células hasta procesos ambientales como la oxidación y la combustión, comprender el flujo de electrones ayuda a explicar el comportamiento de los materiales y los sistemas vivos.

# 18. Etapas de la Respiración Celular

La respiración celular es el proceso mediante el cual las células extraen energía de la glucosa y la almacenan en forma de ATP (adenosín trifosfato). Es un proceso de múltiples etapas, cuidadosamente regulado, que ocurre tanto en el citoplasma como en las mitocondrias de las células.

La ecuación general de la respiración celular es:

$$C_6H_{12}O_6 + 6O_2 \rightarrow 6CO_2 + 6H_2O + Energy(ATP)$$

## 18.1. ATP – La Moneda Energética

El ATP actúa como el principal transportador de energía dentro de la célula. Almacena energía en enlaces fosfato, los cuales pueden romperse para liberar energía que la célula utiliza en trabajos celulares, como la contracción muscular, el transporte activo y la biosíntesis.

**Características clave del ATP**

- Compuesto por adenina, ribosa y tres grupos fosfato.
- El enlace entre el segundo y el tercer grupo fosfato es donde se almacena la energía.
- Cuando el ATP pierde un grupo fosfato, se convierte en ADP (adenosín difosfato) y libera energía.

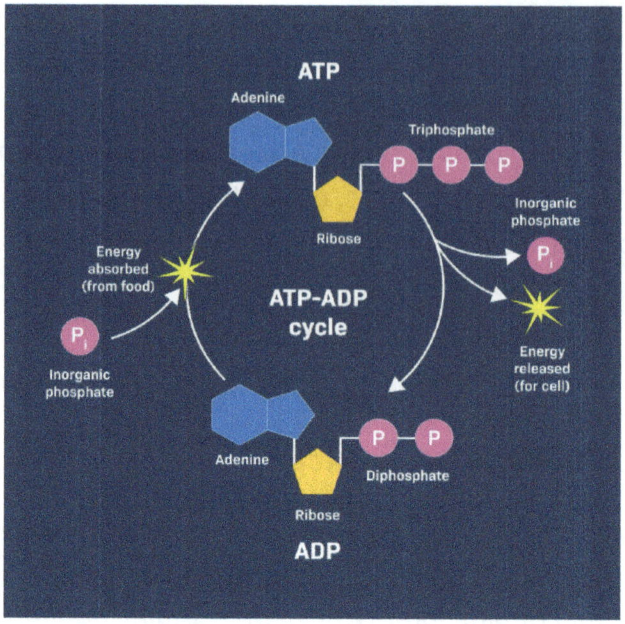


*Figura 18.1: Proceso de reciclaje de ATP. Fuente: https://www.labxchange.org/library/items/lb:LabXchange:8ef89bac:html:1*

## 18.2. NADH – El Transportador de Electrones

El NADH (dinucleótido de nicotinamida y adenina) es un transportador de electrones vital en la respiración celular. Durante varias etapas de la respiración, se extraen electrones de la glucosa y se transfieren al NAD+, convirtiéndolo en NADH.

• El NADH transporta electrones de alta energía hacia la cadena de transporte de electrones, donde su energía se utiliza para producir ATP.
• Otro transportador de electrones, el $FADH_2$, desempeña un papel similar.

## 18.3. $CO_2$ – El Producto de Desecho

Durante la respiración celular, los átomos de carbono de la glucosa se liberan en forma de dióxido de carbono ($CO_2$). Esto ocurre principalmente en el ciclo de Krebs (también llamado ciclo del ácido cítrico).

• En organismos aeróbicos, el $CO_2$ es expulsado de la célula y, finalmente, exhalado por los pulmones (en animales).
• En las plantas, el $CO_2$ puede ser reciclado durante la fotosíntesis.

**Fuentes clave de $CO_2$ en la respiración:**
• La glucólisis no produce $CO_2$.
• La oxidación del piruvato libera 1 $CO_2$ por cada piruvato.
• El ciclo de Krebs libera 2 $CO_2$ por cada vuelta.

## 18.4. Glucosa – El Punto de Partida

La glucosa ($C_6H_{12}O_6$) es el combustible principal para la respiración celular. Las células descomponen la glucosa gradualmente, extrayendo electrones y energía química en cada paso.

**Pasos de la descomposición de la glucosa:**

1. **Glucólisis** (en el citoplasma): Divide la glucosa en dos moléculas de piruvato.
2. **Oxidación del piruvato** (en la mitocondria): Convierte el piruvato en acetil-CoA.
3. **Ciclo de Krebs**: Descompone completamente el acetil-CoA, liberando $CO_2$, NADH y $FADH_2$.
4. **Cadena de transporte de electrones (ETC)**: Utiliza el NADH y el $FADH_2$ para impulsar la producción de ATP.

**Rendimiento energético:**
• **Glucólisis:** 2 ATP
• **Ciclo de Krebs:** 2 ATP
• **Cadena de transporte de electrones:** ~28-32 ATP

## Resumen

La respiración celular es el proceso esencial que permite a las células extraer energía de la glucosa y almacenarla en ATP, el principal portador de energía de la célula. El NADH actúa como un transportador de electrones vital, y el $CO_2$ se produce como un producto de desecho. Comprender estos pasos ayuda a explicar cómo los seres vivos obtienen la energía necesaria para todas sus actividades, desde el crecimiento simple hasta el movimiento y la comunicación compleja.

# 19. Introducción a la Fotosíntesis

La fotosíntesis es el extraordinario proceso biológico mediante el cual las plantas, las algas y algunas bacterias aprovechan la energía luminosa para producir energía química. Ocurre principalmente en los cloroplastos de las células vegetales, convirtiendo dióxido de carbono ($CO_2$) y agua ($H_2O$) en glucosa y oxígeno ($O_2$). Este proceso alimenta la cadena alimentaria y sostiene casi toda la vida en la Tierra.

La ecuación general de la fotosíntesis es:

$$6CO_2 + 6H_2O + light\ energy \rightarrow C_6H_{12}O_6 + 6O_2$$

## 19.1. Energía Luminosa

La fuente de energía que impulsa la fotosíntesis es la energía luminosa del sol. Las plantas utilizan clorofila, un pigmento verde presente en los cloroplastos, para absorber esta luz, principalmente en las longitudes de onda roja y azul, mientras reflejan la luz verde.

**Puntos clave:**

- Los fotones son paquetes de energía luminosa.
- La energía luminosa excita electrones en la clorofila, iniciando el proceso.
- Sin luz, la fotosíntesis no puede ocurrir.

## 19.2. Reactivos

Las materias primas necesarias para la fotosíntesis son:

- Dióxido de carbono ($CO_2$) de la atmósfera, absorbido a través de los estomas.
- Agua ($H_2O$) absorbida desde el suelo por las raíces.
- Energía luminosa del sol.

Estos tres reactivos se combinan en el cloroplasto, donde ocurre la fotosíntesis.

## 19.3. Reacciones Dependientes de la Luz

La primera etapa de la fotosíntesis son las reacciones dependientes de la luz, que ocurren en las membranas de los tilacoides dentro del cloroplasto.

**Eventos clave:**

- La clorofila absorbe la energía luminosa, excitando electrones.
- Las moléculas de agua se dividen (fotólisis), liberando oxígeno ($O_2$), protones ($H^+$) y electrones.
- Se producen ATP y NADPH, que transportan energía y electrones a la siguiente etapa.

**Reacción resumida:**

$$H_2O + \text{Light energy} \rightarrow ATP + NADPH + O_2$$

## 19.4. Reacciones del Ciclo de Calvin

La segunda etapa, llamada **Ciclo de Calvin** (o reacciones independientes de la luz), ocurre en el estroma del cloroplasto. Este proceso utiliza los productos de las reacciones dependientes de la luz — ATP y NADPH — junto con el dióxido de carbono para sintetizar glucosa.

**Pasos clave:**

- **Fijación del carbono** (incorporación de $CO_2$ en moléculas orgánicas).
- **Fase de reducción**, produciendo G3P, un precursor de azúcares.
- **Regeneración** de la molécula RuBP, permitiendo que el ciclo continúe.

**Reacción resumida:**

$$CO_2 + ATP + NADPH \rightarrow C_6H_{12}O_6$$

## 19.5. Fijación del Carbono

La fijación del carbono es el proceso de convertir el carbono inorgánico ($CO_2$) en moléculas orgánicas como la glucosa. Ocurre durante el Ciclo de Calvin, cuando el dióxido de carbono se une a un compuesto de cinco carbonos llamado RuBP. Este paso es catalizado por la enzima **RuBisCO**, la enzima más abundante en la Tierra.

## 19.6. Dióxido de Carbono

El dióxido de carbono ($CO_2$) es un reactivo clave en la fotosíntesis. Difunde hacia el interior de las hojas a través de los estomas, pequeñas aberturas en la superficie de la hoja. Los niveles de $CO_2$, la temperatura y la intensidad luminosa influyen en la tasa de fotosíntesis.

### Importancia:

- Proporciona los átomos de carbono utilizados para formar glucosa.
- El aumento de $CO_2$ atmosférico (debido a la actividad humana) puede mejorar la fotosíntesis, un fenómeno conocido como **fertilización por $CO_2$**.

### Resumen

La fotosíntesis es vital para toda la vida en la Tierra, ya que transforma la energía solar en la energía química almacenada en la glucosa, mientras produce el oxígeno que respiramos. Al entender las reacciones dependientes de la luz, el Ciclo de Calvin y la fijación del carbono, podemos apreciar cómo las plantas y los organismos fotosintéticos sustentan la biosfera.

# 20. Citoesqueleto

El citoesqueleto es una red dinámica de filamentos proteicos que proporciona soporte estructural, forma y organización a las células. Actúa como el andamiaje de un edificio, manteniendo todo en su lugar mientras permite movimientos celulares esenciales y procesos de transporte. El citoesqueleto es vital en la división celular, el transporte intracelular e incluso en la señalización celular.

## 20.1. Microtúbulos

Los microtúbulos son tubos huecos formados por proteínas de tubulina. Son los filamentos más grandes del citoesqueleto y desempeñan funciones clave en:

- Mantenimiento de la forma celular
- Transporte intracelular (actuando como rieles para proteínas motoras como quinesina y dineína)
- Separación de cromosomas durante la división celular
- Posicionamiento de orgánulos

Los microtúbulos son altamente dinámicos, ensamblándose y desensamblándose constantemente en respuesta a las necesidades de la célula, un proceso conocido como **inestabilidad dinámica**.

## 20.2. Filamentos Intermedios

Los filamentos intermedios son proteínas fibrosas que forman fibras parecidas a cuerdas, proporcionando resistencia mecánica a las células. Son menos dinámicos que los microtúbulos o los microfilamentos, pero son cruciales para mantener la integridad del citoesqueleto.

Ejemplos incluyen:

- **Queratina** (en células epiteliales)

• **Lamina** (que sostiene la envoltura nuclear)

Los filamentos intermedios son esenciales para resistir el estrés mecánico, especialmente en tejidos como la piel, los músculos y los nervios.

## 20.3. Microfilamentos

Los microfilamentos, también conocidos como filamentos de actina, son los componentes más delgados del citoesqueleto. Están formados por proteínas de actina y son responsables de:

- Cambios en la forma celular
- Movimiento ameboide (desplazamiento celular)
- Citocinesis (división del citoplasma durante la división celular)
- Transporte intracelular de pequeños orgánulos y vesículas

Los microfilamentos trabajan en estrecha colaboración con las proteínas motoras de miosina para producir movimiento, particularmente en las células musculares.

## 20.4. Huso Mitótico

El huso mitótico es una estructura formada por microtúbulos durante la división celular. Es responsable de:

- Alinear los cromosomas en el ecuador de la célula durante la **metafase**
- Separar las cromátidas hermanas durante la **anafase**

El huso mitótico se origina en los **centrosomas** en las células animales, que actúan como **centros organizadores de microtúbulos** (MTOCs, por sus siglas en inglés).

## 20.5. Funciones del Citoesqueleto

El citoesqueleto desempeña funciones multifuncionales, entre las que se

incluyen:
• Mantener la forma y organización interna de la célula
• Facilitar el transporte intracelular de orgánulos, vesículas y moléculas
• Permitir la migración, división y señalización intracelular de las células
• Proporcionar resistencia mecánica a la deformación
• Conectar las células con estructuras externas a través de la **matriz extracelular** (MEC)

## 20.6. Estructura del Citoesqueleto

El citoesqueleto es una red altamente organizada pero flexible, que se remodela constantemente para satisfacer las necesidades de la célula. Sus tres componentes principales — microtúbulos, filamentos intermedios y microfilamentos — trabajan juntos de manera coordinada, interactuando frecuentemente con proteínas motoras, membranas celulares y otras estructuras celulares.

## 20.7. Importancia en la Investigación y Medicina

El citoesqueleto es un foco crítico en la investigación biomédica debido a su papel clave en:
• **Metástasis del cáncer** (cómo se desplazan las células cancerosas)
• **Enfermedades neurodegenerativas** (proteínas defectuosas del citoesqueleto pueden afectar el transporte neuronal)
• **Infecciones por patógenos** (algunos virus y bacterias secuestran el citoesqueleto para invadir las células)
• **Desarrollo de medicamentos** (ciertos medicamentos de quimioterapia, como los **taxanos**, atacan los microtúbulos para detener la división de las células cancerosas)

La investigación en curso sigue descubriendo nuevos roles del citoesqueleto en **biología de células madre, regeneración de tejidos** y **envejecimiento celular**.

# 21. Cómo se Mueven las Células

Las células no son entidades estáticas: se mueven, cambian de forma y migran en respuesta a su entorno. El movimiento celular es esencial para procesos como la cicatrización de heridas, la respuesta inmunitaria, el desarrollo y, también, la metástasis del cáncer. Las células logran moverse mediante una interacción altamente coordinada entre su citoesqueleto, la membrana celular y la matriz extracelular (MEC).

## 21.1. Adhesiones Focales

Las adhesiones focales son sitios especializados donde las células se adhieren a la matriz extracelular. Estos puntos adhesivos actúan como anclajes, permitiendo que la célula se empuje o jale hacia adelante.

Están compuestas por:

- Proteínas **integrinas** que atraviesan la membrana plasmática
- Proteínas del citoesqueleto (como **actina** y **talina**) que se conectan con el citoesqueleto interno
- Moléculas de señalización que regulan la adhesión y desadhesión

La formación y desintegración dinámica de las adhesiones focales permite que las células se deslicen a través de las superficies.

## 21.2. Lamellipodios

Los lamellipodios son protrusiones en forma de lámina que se forman en el borde frontal de una célula migratoria. Son ricos en filamentos de actina, que se polimerizan rápidamente para empujar hacia afuera la membrana plasmática.

La formación de lamellipodios ayuda a las células a:

- Explorar su entorno

• Extender su borde frontal
• Adherirse a la matriz extracelular a través de las adhesiones focales

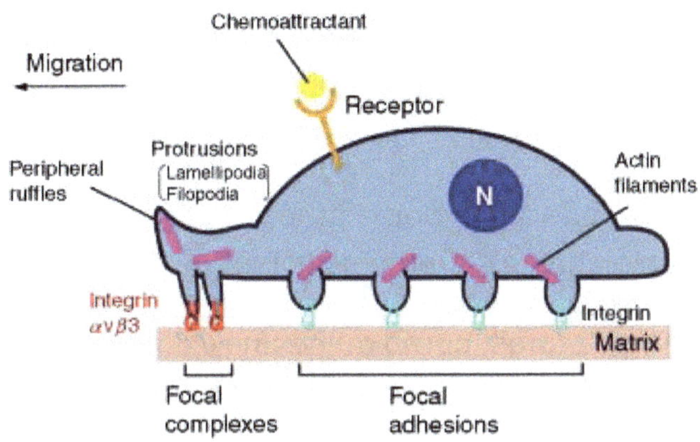


*Figura 21.1: Una célula migratoria con lamellipodios visibles. Fuente: https://www.sciencedirect.com/topics/immunology-and-microbiology/cell-migration*

## 21.3. Filamentos de actina en el movimiento celular

Los filamentos de actina desempeñan un papel central en el movimiento celular. Forman redes ramificadas que empujan la membrana celular hacia afuera en los lamelipodios, mientras que los haces contráctiles de actina en la parte posterior de la célula ayudan a retraer el borde posterior.

**Procesos clave que involucran a la actina:**

- Polimerización en el frente de la célula.
- Entrecruzamiento para formar una malla tipo gel.
- Proteínas motoras de miosina que contraen los haces de actina para tirar del cuerpo celular hacia adelante.

Los filamentos de actina también interactúan con los microtúbulos para guiar el movimiento direccional.

## 21.4. Transporte celular y coordinación del movimiento

Mientras que los elementos del citoesqueleto impulsan el aspecto mecánico del movimiento, el transporte intracelular asegura la correcta colocación de orgánulos, vesículas y moléculas de señalización necesarias para un movimiento dirigido.

- Los microtúbulos actúan como autopistas, transportando moléculas de señalización hacia el frente de la célula.
- Las proteínas motoras, como quinesina y dineína, transportan vesículas a lo largo de los microtúbulos para apoyar el movimiento y la adhesión.

Esta interacción entre el transporte intracelular y la dinámica del citoesqueleto garantiza un movimiento coordinado y con propósito.

## 21.5. Velocidad del movimiento celular

Diferentes tipos de células se mueven a diferentes velocidades, dependiendo de su función y del entorno:

- **Fibroblastos** (en la cicatrización de heridas) se mueven a aproximadamente **1-2 micras por minuto**.
- **Neutrófilos** (células inmunitarias) pueden moverse hasta **20 micras por minuto**.
- **Células cancerosas** que metastatizan pueden variar significativamente dependiendo de la rigidez del tejido y las señales moleculares.

Factores que afectan la velocidad:

- Fuerza de adhesión a la superficie.
- Disponibilidad de puntos de anclaje en la matriz extracelular (ECM).
- Tasa de polimerización de actina.
- Señales químicas externas (quimiotaxis).

Las células equilibran entre **velocidad y estabilidad** — demasiada adhesión ralentiza el movimiento, mientras que muy poca adhesión impide una tracción adecuada.

## Tabla 21.1: Velocidades comparativas de diferentes tipos de células en migración

| Tipo de Célula | Velocidad Promedio (micras por minuto) | Notas |
|---|---|---|
| **Fibroblastos** | 1 - 2 | Importantes en la cicatrización de heridas y la reparación de tejidos; migración lenta y constante. |
| **Neutrófilos** | 10 - 20 | Células inmunitarias de movimiento rápido que persiguen patógenos durante infecciones. |
| **Células Epiteliales** | ~0.5 - 1 | Generalmente forman parte de láminas epiteliales; se mueven lentamente durante el cierre de heridas. |
| **Células Endoteliales** | ~1 - 2 | Recubren los vasos sanguíneos; migran durante la angiogénesis. |
| **Células Madre Mesenquimales** | 2 - 5 | Se mueven durante el desarrollo y la reparación de tejidos. |
| **Células Cancerosas (Metastásicas)** | Variable (0.1 - 10+) | La velocidad depende en gran medida del tipo de tejido, la rigidez y las señales locales. |
| **Queratinocitos** | 1 - 3 | Células de la piel que migran durante la cicatrización de heridas. |
| **Amebas (Dictyostelium)** | 5 - 10 | Organismo modelo para el estudio del movimiento celular. |

**Resumen**

La capacidad de las células para moverse es fundamental para el desarrollo, la vigilancia inmunológica, la reparación de tejidos e incluso la progresión de enfermedades. Este movimiento es dirigido por el citoesqueleto, las proteínas de adhesión y las vías de señalización intracelular, que trabajan en conjunto para permitir que las células respondan a su entorno y desempeñen sus funciones biológicas.

# 22. Digestión Celular

El proceso mediante el cual las células descomponen macromoléculas, reciclan componentes celulares y gestionan la eliminación de desechos se conoce colectivamente como digestión celular. Este proceso es esencial para mantener la homeostasis celular, apoyar la generación de energía y garantizar la eliminación de productos de desecho potencialmente dañinos. La digestión celular ocurre en orgánulos adaptados especialmente para este propósito, particularmente los lisosomas y las vacuolas.

## 22.1. Digestión Intracelular

La digestión intracelular se refiere a la descomposición de materiales dentro de la célula. Generalmente ocurre en los siguientes pasos:

1. **Endocitosis:** La célula engloba partículas externas (como nutrientes o patógenos) mediante la formación de una vesícula.

2. **Fusión con el lisosoma:** La vesícula se fusiona con un lisosoma, un orgánulo especializado lleno de enzimas digestivas.

3. **Descomposición enzimática:** Las enzimas dentro del lisosoma descomponen las proteínas, lípidos, carbohidratos y ácidos nucleicos en moléculas más pequeñas que la célula puede reutilizar.

4. **Reciclaje de nutrientes:** Los productos digeridos se transportan al citoplasma para su uso celular.

5. **Eliminación de desechos:** Los materiales indigeribles o dañinos se empaquetan en vesículas de exocitosis y son expulsados de la célula.

Este proceso también puede ocurrir con componentes celulares internos a través de la **autofagia**, donde la célula digiere sus propios orgánulos desgastados para reciclar materiales y mantener la salud celular.

## 22.2 Funciones de las Enzimas Digestivas

Las enzimas digestivas desempeñan un papel fundamental en la digestión intracelular. Estas enzimas pertenecen a varias familias:

### Tabla 22.1: Tipos de Enzimas Digestivas y sus Funciones en la Digestión Intracelular

| Tipo de Enzima | Sustratos | Función |
|---|---|---|
| Proteasas | Proteínas | Descomponen las proteínas en aminoácidos |
| Lipasas | Lípidos | Descomponen las grasas en ácidos grasos y glicerol |
| Nucleasas | ADN, ARN | Degradan los ácidos nucleicos en nucleótidos |
| Carbohidrasas | Carbohidratos | Descomponen los polisacáridos en azúcares |

Estas enzimas operan de manera óptima en el ambiente ácido del lisosoma, asegurando que la digestión esté compartimentalizada y no dañe el resto de la célula.

### Tabla 22.2: Tipos de Enzimas Digestivas y sus Sustratos

| Enzima Digestiva | Sustrato | Función Principal |
|---|---|---|
| Proteasas (Peptidasas) | Proteínas | Descomponen las proteínas en péptidos más pequeños y aminoácidos. |
| Amilasas | Almidón (Carbohidratos) | Descomponen el almidón en maltosa y azúcares simples. |
| Lipasas | Grasas (Lípidos) | Descomponen los triglicéridos en glicerol y ácidos grasos libres. |
| Nucleasas | ADN, ARN (Ácidos Nucleicos) | Descomponen el ADN y ARN en nucleótidos. |
| Fosfatasas | Moléculas que contienen fosfato | Eliminan grupos fosfato de las moléculas. |
| Lisozimas | Paredes celulares bacterianas | Descomponen las paredes de peptidoglicano de las bacterias. |

## 22.3 Patogénesis de Enfermedades Causadas por la Digestión Celular

Las alteraciones en la digestión celular pueden dar lugar a enfermedades graves. Estas condiciones suelen estar relacionadas con los **trastornos de almacenamiento lisosomal**, en los cuales el lisosoma es incapaz de degradar ciertas sustancias, lo que provoca su acumulación y el eventual daño celular. Algunos ejemplos incluyen:

- **Enfermedad de Gaucher:** Causada por una deficiencia de glucocerebrosidasa, lo que conduce a la acumulación de sustancias grasas en las células, especialmente en el hígado, el bazo y la médula ósea.
- **Enfermedad de Tay-Sachs:** Resulta de la falta de hexosaminidasa A, lo que provoca la acumulación tóxica de gangliósidos en las neuronas, lo que finalmente conduce a neurodegeneración.
- **Enfermedad de Pompe:** Debido a defectos en la alfa-glucosidasa ácida, lo que causa la acumulación de glucógeno en las células musculares.

Estas enfermedades ilustran la importancia crítica de la función lisosomal adecuada para la supervivencia y la salud celular.

### Resumen del Capítulo

- La digestión celular es esencial para reciclar nutrientes y eliminar desechos.
- La digestión intracelular ocurre dentro de los lisosomas, con la ayuda de enzimas especializadas.
- Las alteraciones en la digestión provocan **enfermedades de**

**almacenamiento lisosomal**, algunas de las cuales tienen graves consecuencias clínicas.

# 23. ¿Qué es el Material Genético?

La vida depende del almacenamiento, la transmisión y la expresión del material genético, la información biológica que determina la estructura, función y comportamiento de cada organismo vivo. Comprender la naturaleza y los componentes del material genético nos ayuda a entender cómo se heredan los rasgos, cómo ocurre la evolución y cómo se desarrollan las enfermedades. Este capítulo explora las moléculas y estructuras que conforman el material genético y cómo contribuyen al flujo de información genética en las células.

## 23.1. ADN – El Plano de la Vida

El ADN (Ácido Desoxirribonucleico) es el portador principal de la información genética en la mayoría de los organismos vivos. Contiene las instrucciones necesarias para el desarrollo, funcionamiento y reproducción de todas las células.

**Características clave del ADN:**

- Estructura de doble hélice con dos cadenas que corren en direcciones opuestas.
- Compuesto por nucleótidos, cada uno formado por un azúcar (desoxirribosa), un grupo fosfato y una base nitrogenada (Adenina, Timina, Citosina o Guanina).
- Reglas de apareamiento de bases: la Adenina se aparea con la Timina, y la Citosina se aparea con la Guanina.
- Codifica información a través de la secuencia de bases, que actúa como un código biológico.

**Funciones del ADN:**

- Almacena la información genética.
- Dirige la síntesis de proteínas a través de un proceso intermediario llamado transcripción.
- Garantiza la replicación precisa durante la división celular.
- Permite cambios evolutivos a través de mutaciones.

## 23.2. ARN – El Mensajero y Mucho Más

El ARN (Ácido Ribonucleico) es otro ácido nucleico vital que desempeña múltiples funciones en las células. A diferencia del ADN, el ARN es generalmente monocatenario y contiene el azúcar ribosa y la base Uracilo (U) en lugar de Timina.

**Tipos de ARN:**

- **ARNm (ARN mensajero)** – Transporta instrucciones genéticas desde el ADN al ribosoma para la síntesis de proteínas.
- **ARNt (ARN de transferencia)** – Lleva los aminoácidos apropiados al ribosoma durante la traducción.
- **ARNr (ARN ribosomal)** – Componente estructural y funcional del ribosoma.

**Funciones del ARN:**

- Convierte las instrucciones genéticas en proteínas.
- En algunos virus (como los retrovirus), el ARN actúa como material genético primario.

- Desempeña funciones regulatorias, como en la interferencia de ARN (ARNi).

## 23.3. Genes – Unidades de la Herencia

Un gen es un segmento específico de ADN que contiene las instrucciones para construir una proteína particular o una molécula de ARN funcional.

**Características clave de los genes:**

- Cada gen tiene una región promotora, una región codificante y secuencias regulatorias.
- El código genético (tripletes de codones) determina la secuencia de aminoácidos en una proteína.
- Los genes pueden sufrir mutaciones, lo que provoca cambios en la estructura y función de las proteínas.
- Los genes están organizados en cromosomas.

**Funciones de los genes:**

- Portan instrucciones para los rasgos.
- Permiten a las células responder a los cambios ambientales.
- Regulan el desarrollo y los procesos celulares.

## 23.4. Cromosomas – Paquetes de Información Genética

Los cromosomas son estructuras altamente organizadas que contienen largas cadenas de ADN enrolladas alrededor de proteínas histonas. Cada organismo tiene un número característico de cromosomas.

**Tipos de cromosomas:**

- **Cromosoma procariota** – Una sola molécula circular de ADN.
- **Cromosomas eucariotas** – Moléculas de ADN lineales situadas dentro del núcleo, a menudo en pares.

**Funciones de los cromosomas:**

- Garantizan la replicación y distribución precisa del ADN durante la división celular.
- Protegen el material genético del daño.
- Facilitan la regulación génica al controlar el acceso al ADN.

## 23.5. ADN No Codificante – Más que Basura

Aunque los genes son esenciales, una gran parte del genoma no codifica proteínas. Este ADN no codificante desempeña funciones regulatorias, estructurales y evolutivas.

**Funciones del ADN no codificante:**

- Contiene secuencias regulatorias (potenciadores, silenciadores) que controlan la expresión génica.
- Proporciona sitios de unión para proteínas implicadas en la estructura y función cromosómica.
- Puede servir como material para la evolución de nuevos genes.
- Algunas regiones no codificantes contienen elementos transponibles, que pueden moverse dentro del genoma, afectando la diversidad genética.

La Figura 23.1 muestra las diferencias importantes entre el ADN y el ARN.

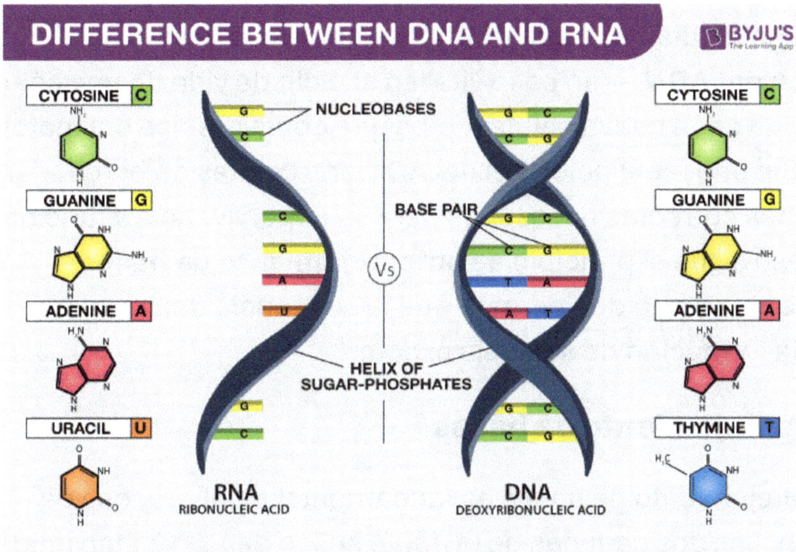


*Figura 23.1: Diferencias importantes entre el ADN y el ARN. Fuente: https://byjus.com/biology/difference-between-dna-and-rna/*

Tabla 23.1: Estructura del ADN y ARN con el Emparejamiento de Bases y Componentes de Nucleótidos.

| **Característica** | **ADN** | **ARN** |
|---|---|---|
| Tipo de cadena | Doble hélice | Cadena sencilla |
| Azúcar | Desoxirribosa | Ribosa |
| Bases | Adenina (A), Timina (T), Citosina (C), Guanina (G) | Adenina (A), **Uracilo (U)**, Citosina (C), Guanina (G) |
| Emparejamiento de bases | A-T, C-G | A-U, C-G |
| Estructura general | Doble hélice con emparejamiento de bases complementarias | Cadena sencilla que se pliega en varias formas |
| Ubicación | Núcleo (eucariotas), citoplasma (procariotas) | Citoplasma (todas las células) |
| Función | Almacenamiento de información genética | Síntesis de proteínas y funciones regulatorias |

# 24. La Replicación del ADN

El proceso mediante el cual el ADN se copia a sí mismo se conoce como **replicación del ADN** — un paso vital en el ciclo de vida de una célula, que garantiza que cada nueva célula reciba una copia precisa del material genético. Sin una replicación fiel del ADN, las células no heredarían las instrucciones correctas necesarias para su supervivencia y funcionamiento. Este proceso sigue el principio de **emparejamiento de bases complementarias**, lo que permite que la secuencia de la cadena original de ADN guíe la formación de su copia exacta.

## 24.1. Emparejamiento de bases

El emparejamiento de bases es fundamental en el proceso de replicación. Las dos cadenas de la doble hélice de ADN están unidas por enlaces de hidrógeno entre bases nucleotídicas complementarias. Durante la replicación, estas cadenas se separan y cada una actúa como plantilla para construir una nueva cadena complementaria.

Las reglas de emparejamiento de bases guían este proceso:

- Adenina (A) se empareja con Timina (T)
- Citosina (C) se empareja con Guanina (G)

Este emparejamiento complementario garantiza que cada nueva cadena de ADN sea una réplica exacta de la original.

## 24.2. Replicación lineal

En las células eucariotas, la replicación del ADN ocurre a lo largo de cromosomas lineales. Este proceso comienza en múltiples **orígenes de replicación** a lo largo del cromosoma para acelerar el proceso de copia.

**Pasos de la replicación lineal:**

**1. Desenrollamiento:** La helicasa de ADN separa las dos cadenas rompiendo los enlaces de hidrógeno.

**2. Inicio (Priming):** La primasa añade un cebador de ARN que actúa como punto de partida para la síntesis.

**3. Elongación:** La ADN polimerasa añade nucleótidos complementarios a las bases expuestas, construyendo la nueva cadena.

**4. Cadena líder vs. cadena rezagada:**

- La **cadena líder** se sintetiza de forma continua.
- La **cadena rezagada** se sintetiza en pequeños fragmentos llamados **fragmentos de Okazaki**, que luego son unidos entre sí.

**5. Revisión:** La ADN polimerasa revisa errores y corrige emparejamientos incorrectos.

**6. Finalización:** La ADN ligasa sella las nuevas cadenas, completando dos moléculas de ADN idénticas.

## 24.3. Autorreplicación

La notable capacidad del ADN para copiarse con precisión proviene de su naturaleza **autorreplicante**. Esto significa que cada cadena sirve como plantilla, guiando la formación de una nueva cadena complementaria. Esto se conoce como **replicación semiconservativa**, lo que significa que cada molécula hija de ADN contiene una cadena antigua (plantilla) y una cadena recién sintetizada.

Esta propiedad autorreplicante garantiza:

- Que la información genética se transmita fielmente de célula a célula durante la división celular.

• Que la información genética se transmita de padres a hijos, asegurando la continuidad de la vida.

### Concepto clave:

La estructura del ADN — específicamente, el **emparejamiento de bases complementarias** y las **cadenas antiparalelas** — es la característica clave que permite la autorreplicación con un mínimo de errores.

### Ideas clave

• La replicación del ADN asegura que las células hereden copias precisas del material genético.
• El emparejamiento de bases complementarias es la base del proceso de replicación.
• La replicación lineal ocurre a lo largo de los cromosomas en células eucariotas, con cadenas líder y rezagada.
• La autorreplicación permite que el ADN actúe como portador de información genética y como plantilla para su propia duplicación.

# 25. ¿Qué es la Reproducción Celular?

La **reproducción celular** es el proceso biológico mediante el cual las células crean nuevas células, garantizando la continuidad de la vida y el correcto crecimiento y mantenimiento de los organismos. Desempeña un papel crucial en todo, desde el desarrollo y la curación hasta la reproducción y la evolución. Todos los organismos vivos — desde bacterias unicelulares hasta especies multicelulares complejas — dependen de este proceso para mantener la vida y transmitir información genética a las generaciones futuras.

## 25.1. Pasos básicos en la reproducción celular

La reproducción celular generalmente sigue una secuencia de eventos, asegurando que cada célula hija reciba un conjunto completo de instrucciones genéticas y los componentes celulares suficientes para funcionar. Los pasos clave incluyen:

1. **Replicación del ADN:** Antes de que una célula se divida, debe copiar su genoma completo para que cada célula hija tenga un conjunto completo de instrucciones genéticas.

2. **Duplicación de orgánulos:** En las células eucariotas, los orgánulos esenciales (como las mitocondrias) también se replican para proporcionar a cada célula hija la maquinaria que necesita.

3. **Segregación del material genético:** Los cromosomas duplicados se ordenan y distribuyen en las nuevas células.

4. **División del citoplasma:** El citoplasma de la célula se divide entre las dos nuevas células.

5. **Formación de la membrana celular:** En las células animales, la membrana celular se estrangula, formando dos células distintas. En

las plantas, se forma una **placa celular** entre las dos células.

## 25.2. División celular

La **división celular** es el proceso físico mediante el cual una célula se divide en dos células hijas. Hay dos tipos principales:

- **Mitosis:** Produce dos células hijas genéticamente idénticas. Esto ocurre en células somáticas para el crecimiento, la reparación y el mantenimiento.
- **Meiosis:** Produce cuatro células hijas genéticamente únicas con la mitad del material genético (**haploides**). Este proceso crea **gametos** (espermatozoides y óvulos) para la reproducción sexual.

Ambos procesos están estrictamente controlados para prevenir errores, como copias genéticas incompletas o crecimiento descontrolado.

## Tabla 25.1: Comparación entre mitosis y meiosis

| Característica | Mitosis | Meiosis |
|---|---|---|
| Propósito | Crecimiento, reparación de tejidos y reproducción asexual | Formación de gametos para la reproducción sexual |
| Ubicación | Ocurre en células somáticas (células del cuerpo) | Ocurre en células reproductivas (células germinales) |
| Número de divisiones | 1 división celular | 2 divisiones celulares consecutivas |
| Número de células hijas | 2 células hijas | 4 células hijas |
| Composición genética de las células hijas | Genéticamente idénticas a la célula madre | Genéticamente únicas, diferentes de la célula madre y entre sí |
| Número de cromosomas en las células hijas | Diploide (igual que la madre) | Haploide (la mitad del número de cromosomas de la madre) |
| Entrecruzamiento (Crossing Over) | No ocurre | Ocurre durante la Profase I |
| Distribución independiente (Independent Assortment) | No ocurre | Ocurre durante la Metafase I |
| Función en organismos multicelulares | Crecimiento, reparación, mantenimiento | Producción de gametos |
| Ejemplo de organismo | División de células de la piel | Formación de espermatozoides y óvulos |

## 25.3. Meiosis

La meiosis es un tipo especializado de división celular que reduce el número de cromosomas a la mitad, produciendo gametos (espermatozoides u óvulos). Consiste en dos divisiones consecutivas:

• **Meiosis I:** Los cromosomas homólogos se aparean e intercambian material genético (entrecruzamiento), luego se segregan en células diferentes.
• **Meiosis II:** Las cromátidas hermanas se separan en células individuales, resultando en cuatro células haploides genéticamente únicas.

Esta reorganización genética introduce variación, lo cual es la base de la evolución.

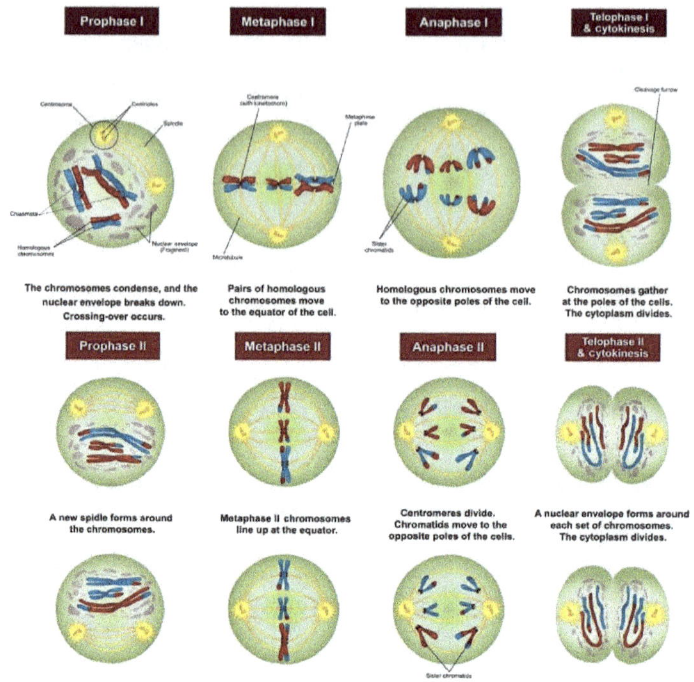


*Figura 25.1: Etapas de la meiosis. Fuente: https://opengenetics.pressbooks.tru.ca/chapter/meiosis-i/*

## 25.4. Citocinesis

La citocinesis es el paso final en la división celular donde el citoplasma se divide, creando dos células distintas. El método varía entre células animales y vegetales:

- **Células animales:** La membrana plasmática se pliega hacia adentro, dividiendo el citoplasma (un proceso llamado **surco de escisión**).
- **Células vegetales:** Se forma una **placa celular** entre las células hijas, que eventualmente se convierte en una nueva pared celular.

La citocinesis asegura que cada célula hija reciba una cantidad igual de citoplasma y orgánulos.

## 25.5. Formación de Gametos

En los organismos con reproducción sexual, los gametos (espermatozoides y óvulos) se forman mediante meiosis. Estas células contienen la mitad del número de cromosomas (**haploides**), por lo que cuando se fusionan durante la fecundación, se restaura el número diploide.

**Características clave de la formación de gametos:**

- **Espermatogénesis:** Formación de espermatozoides en los machos.
- **Ovogénesis:** Formación de óvulos en las hembras.
- El proceso permite la **diversidad genética** a través de la **distribución independiente** y el **entrecruzamiento**.

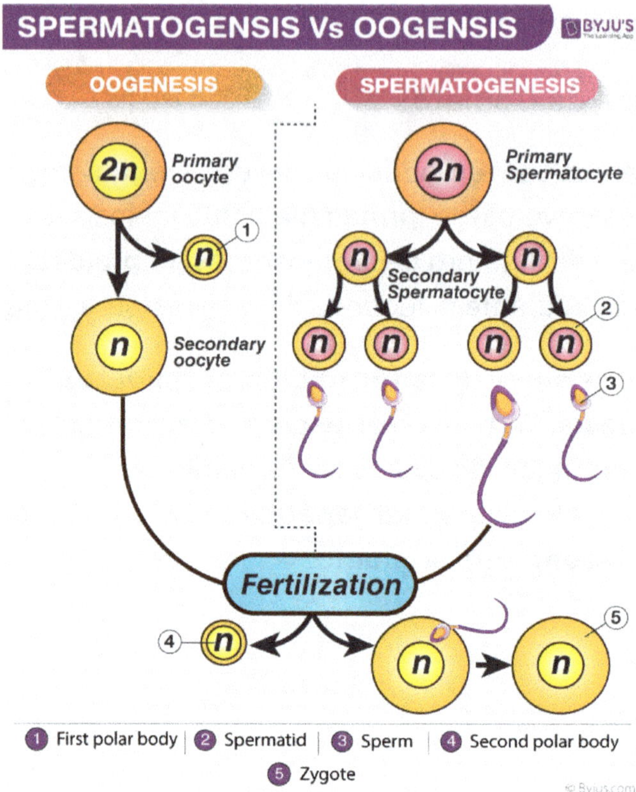


*Figura 25.2: Diferencia entre espermatogénesis y ovogénesis. Fuente: https://byjus.com/biology/difference-between-spermatogenesis-and-oogenesis/*

## 25.6. Replicación Química

Más allá de la división física, la replicación química es el proceso biológico central donde se sintetizan ácidos nucleicos, proteínas y otras biomoléculas para asegurar que las nuevas células puedan funcionar correctamente. Esta replicación es guiada por el código genético almacenado en el ADN, que se transcribe en ARN y luego se traduce en proteínas, que son las principales ejecutoras de las funciones celulares.

## 25.7. Caso de Estudio: Leucemia

La reproducción celular descontrolada puede conducir a enfermedades como el cáncer. Un ejemplo destacado es la **leucemia**, un tipo de cáncer de la sangre en el que los glóbulos blancos se proliferan de manera incontrolada. Esto interrumpe el equilibrio normal de las células sanguíneas, provocando anemia, disfunción del sistema inmunológico e infecciones.

**Puntos Clave en el Desarrollo de la Leucemia:**

- **Mutaciones** en genes que controlan la regulación del ciclo celular.
- **Puntos de control defectuosos**, que permiten que las células dañadas continúen dividiéndose.
- **Fallo en la apoptosis** (muerte celular programada), que normalmente elimina las células defectuosas.

**Enfoques de Tratamiento:**

- **Quimioterapia:** Utiliza fármacos para atacar las células que se dividen rápidamente.
- **Trasplante de médula ósea:** Sustituye las células defectuosas formadoras de sangre por células sanas de un donante.
- **Terapia dirigida:** Fármacos que bloquean vías específicas relacionadas con el cáncer.

**Puntos Clave**

- La reproducción celular es esencial para el crecimiento, la reparación y la reproducción en los organismos vivos.
- Procesos como **mitosis** y **meiosis** aseguran la correcta distribución del material genético.
- La **citocinesis** finaliza la separación física en dos células.
- Los errores en la regulación del ciclo celular pueden conducir a enfermedades como la **leucemia**.

# 26. ¿Qué es el Material Genético?

El material genético de una célula contiene las instrucciones para la vida. Dirige cómo se desarrollan, crecen, funcionan y se reproducen los organismos. En todos los organismos vivos conocidos, este material genético está compuesto por ADN (ácido desoxirribonucleico) o ARN (ácido ribonucleico), dependiendo del organismo. El material genético se transmite de una generación a la siguiente, asegurando que las especies mantengan su continuidad y permitiendo la variación genética que impulsa la evolución.

## 26.1. ADN – El Plano de la Vida

El ADN es el principal material genético en la mayoría de los organismos vivos, desde bacterias hasta seres humanos. Consiste en dos cadenas enrolladas en forma de doble hélice. Cada cadena está formada por una secuencia de nucleótidos, que son las unidades básicas del ADN. Cada nucleótido contiene:

- Un azúcar (desoxirribosa)
- Un grupo fosfato
- Una base nitrogenada (adenina, timina, citosina o guanina)

La secuencia de estas bases forma los genes, que son las unidades funcionales de la herencia.

## 26.2. ARN – El Mensajero y Más

El ARN desempeña múltiples funciones en las células, actuando como mensajero, catalizador e incluso como regulador de la expresión génica. A diferencia del ADN, el ARN:

- Es generalmente monocatenario (una sola hebra).
- Contiene el azúcar ribosa en lugar de desoxirribosa.
- Utiliza uracilo (U) en lugar de timina (T).

Los principales tipos de ARN incluyen:
• **ARNm** (ARN mensajero), que transporta la información genética desde el ADN hasta el ribosoma para la síntesis de proteínas.
• **ARNt** (ARN de transferencia), que ayuda a incorporar aminoácidos en las proteínas.
• **ARNr** (ARN ribosomal), un componente estructural de los ribosomas.

## 26.3. Genes – Instrucciones para Construir la Vida

Los genes son secuencias de nucleótidos de ADN que codifican proteínas específicas o moléculas funcionales de ARN. En los seres humanos, los genes representan solo una pequeña parte del genoma, pero son responsables de prácticamente todos los procesos biológicos.
• Cada gen contiene regiones codificantes (**exones**) y regiones no codificantes (**intrones**).
• Los genes son regulados por **promotores**, **enhancers** (potenciadores) y **silencers** (silenciadores), que determinan cuándo y en qué cantidad se expresa un gen.

El conjunto completo de genes en un organismo se llama **genoma**.

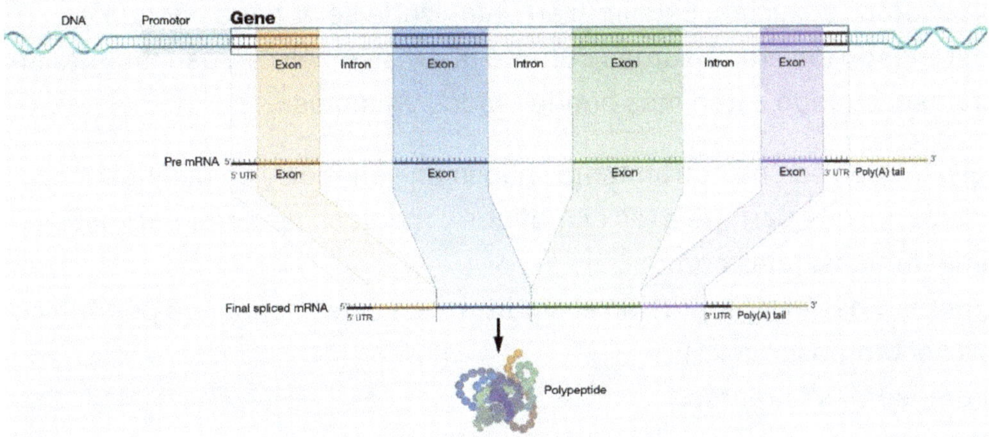


*Figura 26.1: Estructura de un gen que muestra exones, intrones y regiones reguladoras. Fuente: https://www.genome.gov/genetics-glossary/Gene*

## 26.4. Cromosomas – ADN Empaquetado

En las células eucariotas, el ADN está organizado en cromosomas. Cada cromosoma contiene una larga molécula de ADN enrollada estrechamente alrededor de proteínas histonas. Esta estructura permite:

- Almacenamiento eficiente del material genético.
- Segregación adecuada del ADN durante la división celular.
- Regulación de la expresión génica a través de cambios en la estructura de la cromatina.

Los seres humanos tienen 46 cromosomas (23 pares), que incluyen 22 pares de autosomas y un par de cromosomas sexuales.

### Cariotipo

Un **cariotipo** es el perfil visual completo de los cromosomas de un individuo, típicamente mostrado como un arreglo ordenado de pares de cromosomas, desde el más grande al más pequeño, junto con los cromosomas sexuales. Esta imagen organizada se obtiene tiñendo y fotografiando los cromosomas durante la división celular, usualmente en la metafase, cuando están más condensados y visibles.

El cariotipo es una herramienta valiosa en genética y en diagnósticos médicos, ya que permite a los científicos y médicos detectar anomalías cromosómicas, tales como:

• Cromosomas extra (como en el síndrome de Down, causado por una copia extra del cromosoma 21).
• Cromosomas faltantes.
• Cambios estructurales, como deleciones, duplicaciones o translocaciones.

Un cariotipo humano típico (ver Figura 26.2) incluye 46 cromosomas, organizados en 22 pares de autosomas y un par de cromosomas sexuales (XX para mujeres, XY para hombres).

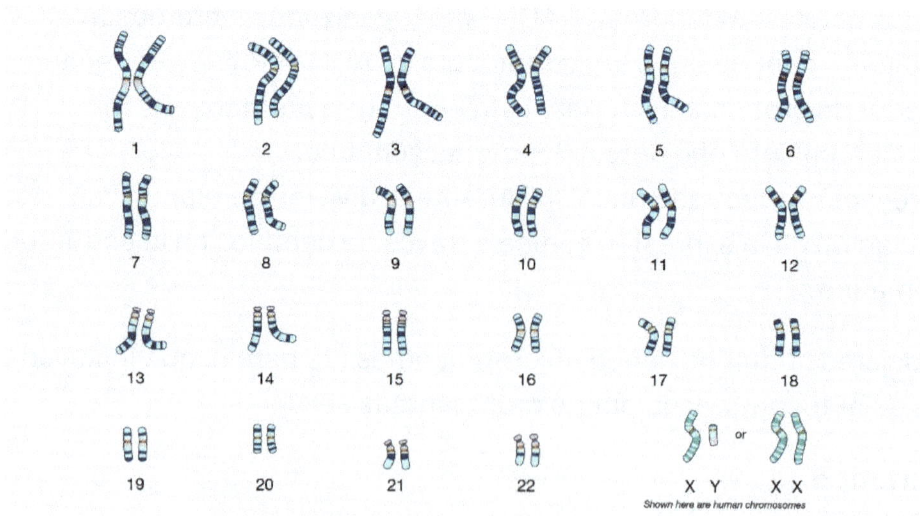


*Figura 26.2: Cariotipo de cromosomas humanos. Fuente: https://www.genome.gov/genetics-glossary/Karyotype*

## 26.5. ADN no codificante – Más que simple "ADN basura"

Aunque solo aproximadamente el 1-2% del genoma humano codifica proteínas, el resto consiste en ADN no codificante. Durante décadas, los científicos lo consideraron “ADN basura”, pero ahora sabemos que desempeña funciones cruciales en:

- Regular la expresión génica.
- Controlar la estructura de los cromosomas.
- Albergar secuencias como transposones y elementos repetitivos.

Parte del ADN no codificante actúa como andamiaje para la organización cromosómica, mientras que otras partes codifican moléculas de ARN regulador.

**Resumen del capítulo**

- El ADN y el ARN son los materiales genéticos esenciales en las células.
- Los genes codifican proteínas y ARN funcionales.
- Los cromosomas organizan el ADN para la división celular y la regulación génica.
- El ADN no codificante cumple muchas funciones regulatorias vitales.

## 27. La replicación del ADN

La replicación del ADN es uno de los procesos más fundamentales y esenciales en todos los organismos vivos. Es el mecanismo por el cual una célula copia su material genético para asegurar que cada nueva célula hija reciba una copia completa y precisa del ADN después de la división celular. Este proceso ocurre antes de que la célula se divida, ya sea durante la mitosis o la meiosis, y está estrictamente regulado para evitar errores que podrían causar mutaciones o enfermedades.

### 27.1. Emparejamiento de bases

En el corazón de la replicación del ADN está el principio de emparejamiento complementario de bases. En el ADN de doble hebra, la adenina (A) se empareja con la timina (T), y la citosina (C) se empareja con la guanina (G). Cuando el ADN se desenrolla durante la replicación, cada hebra actúa como molde para la formación de una nueva hebra complementaria. Esto asegura que las nuevas moléculas de ADN sean idénticas a la original. Los enlaces de hidrógeno entre bases complementarias permiten que las hebras se separen y se vuelvan a unir fácilmente durante el proceso de replicación.

### 27.2. Replicación lineal

En las células eucariotas, la replicación del ADN ocurre a lo largo de los cromosomas lineales dentro del núcleo. El proceso de replicación comienza en múltiples orígenes de replicación, donde la doble hélice se abre formando una burbuja de replicación. En cada extremo de la burbuja se forman horquillas de replicación, donde enzimas especializadas como la helicasa del ADN separan las hebras de ADN.

A medida que avanzan las horquillas, la ADN polimerasa sintetiza nuevas hebras complementarias añadiendo nucleótidos que coinciden con la hebra molde. Debido a que la ADN polimerasa solo puede añadir nucleótidos en la dirección 5' a 3', la replicación ocurre de manera continua en la hebra líder, pero de manera discontinua en la hebra rezagada, formando fragmentos de Okazaki que luego son unidos por la ligasa del ADN.

## 27.3. Autorreplicación

Una de las propiedades más notables del ADN es su capacidad para autorreplicarse con alta fidelidad. Cada hebra de la doble hélice contiene toda la información necesaria para construir una hebra complementaria, lo que hace que el ADN sea semiconservativo — es decir, cada nueva molécula de ADN consiste en una hebra vieja (molde) y una hebra nueva. Esta característica asegura que la información genética se transmita con precisión de una generación celular a la siguiente.

La precisión de la replicación del ADN se refuerza aún más gracias a enzimas de corrección, que detectan y corrigen la mayoría de los errores introducidos durante la adición de nucleótidos. A pesar de esto, pueden ocurrir errores ocasionales, conocidos como mutaciones, que contribuyen a la variación genética — un factor clave para la evolución. Este proceso altamente coordinado de replicación del ADN es vital para la supervivencia, el crecimiento y la reproducción de todas las células vivas, asegurando la transmisión fiel de la información genética de una generación celular a la siguiente.

# 28. ¿Qué es la reproducción celular?

La reproducción celular es el proceso mediante el cual las células generan nuevas células, lo que permite a los organismos crecer, reparar tejidos dañados y reproducirse. En esencia, la reproducción celular garantiza que el material genético se copie fielmente y se transmita de las células madre a las células hijas. Este proceso es fundamental para la supervivencia de los organismos unicelulares y multicelulares. Dependiendo del organismo y del propósito de la reproducción, las células pueden dividirse mediante mitosis (para crecimiento y reparación) o meiosis (para producir gametos utilizados en la reproducción sexual).

## 28.1. Pasos básicos de la reproducción celular

La reproducción celular generalmente sigue una serie de pasos, que incluyen:

1. Replicación del ADN, asegurando que cada célula hija reciba una copia completa del material genético.
2. Duplicación de orgánulos, donde estructuras como mitocondrias y centrosomas son copiadas.
3. División celular, dividiendo la célula madre en dos o más células hijas.
4. Citocinesis, donde el citoplasma se divide entre las células hijas.
5. Diferenciación celular (en organismos multicelulares), asegurando funciones especializadas.

## 28.2. División celular

La división celular es el evento central de la reproducción celular. Ocurre de dos formas principales:

- **Mitosis**, en la que una célula madre se divide para producir dos células hijas genéticamente idénticas, utilizada para el crecimiento, la reparación y la reproducción asexual.
- **Meiosis**, en la que una célula madre se divide para producir cuatro gametos genéticamente distintos, cada uno con la mitad del material genético de la célula madre. Esto es esencial para la reproducción sexual.

## 28.3. Citocinesis

La citocinesis es la etapa final de la división celular, donde el citoplasma y la membrana celular se dividen, separando físicamente las células hijas.

- En las células animales, un anillo contráctil de filamentos de actina pinza la célula en dos.
- En las células vegetales, se forma una placa celular entre las células hijas, que eventualmente se convierte en la nueva pared celular.

## 28.4. Formación de gametos

Los gametos —espermatozoides y óvulos— se forman mediante la meiosis. Estas células especializadas son haploides, lo que significa que contienen solo un juego de cromosomas. Cuando los gametos de dos progenitores se fusionan durante la fecundación, restauran el número diploide de cromosomas en el cigoto resultante, combinando el material genético de ambos padres.

## 28.5. Replicación química

Más allá de los mecanismos celulares, la replicación química se refiere a los procesos moleculares mediante los cuales se copia el ADN, incluyendo el emparejamiento de bases, la polimerización y la corrección de errores. Esta precisión química es fundamental para mantener la estabilidad genética a lo largo de las generaciones.

## 28.6. Caso de estudio: Leucemia

Un claro ejemplo de reproducción celular defectuosa es la **leucemia**, un tipo de cáncer que afecta a los tejidos responsables de la formación de la sangre, como la médula ósea. En la leucemia, los mecanismos normales que regulan la división celular fallan, lo que provoca la proliferación descontrolada de glóbulos blancos anormales. Estas células defectuosas no funcionan correctamente y desplazan a las células sanas, comprometiendo el sistema inmunológico y alterando el funcionamiento normal de la sangre.

Conclusiones clave de la investigación sobre la leucemia:

- Las mutaciones en genes que controlan los puntos de control del ciclo celular pueden desencadenar la enfermedad.
- Algunas formas de leucemia están relacionadas con **translocaciones cromosómicas**, donde segmentos de ADN se rompen y reorganizan, activando oncogenes.
- Los tratamientos modernos, como las **terapias dirigidas** y los **trasplantes de médula ósea**, se centran en corregir o sortear estos errores celulares.

La reproducción celular, aunque generalmente es un proceso fluido, es un proceso altamente regulado y vital para la vida y la salud. Estudiarlo ayuda a los investigadores a comprender el desarrollo, las enfermedades y la evolución de formas de vida complejas.

## 29. El Ciclo Celular y la Mitosis

El ciclo celular es la serie de eventos que experimenta una célula para crecer, replicar su ADN y dividirse en dos células hijas. Este proceso, cuidadosamente regulado, garantiza la duplicación y distribución precisa del material genético y de los componentes celulares. Cada etapa del ciclo celular desempeña un papel vital en el mantenimiento de la salud y el funcionamiento del organismo, especialmente en los organismos multicelulares.

### 29.1. Ciclo Celular

El ciclo celular se divide en **interfase** (donde la célula crece y se prepara para la división) y la **fase mitótica** (donde la célula se divide físicamente).

- **Fase G1** – La célula crece y produce las proteínas y orgánulos necesarios.
- **Fase S** – Ocurre la replicación del ADN, asegurando que estén presentes dos copias completas del material genético.
- **Fase G2** – Se realizan las preparaciones finales para la mitosis, incluyendo un mayor crecimiento y la producción de proteínas específicas para la división.
- **Fase M** – La célula experimenta la mitosis, dividiendo el núcleo, seguida por la citocinesis, que divide el citoplasma en dos células.

### 29.2. Puntos de control

A lo largo del ciclo celular, las células atraviesan varios **puntos de control** que aseguran que todos los procesos se estén llevando a cabo correctamente. Estos puntos de control funcionan como estaciones de control de calidad, evaluando la integridad del ADN y la preparación de la célula para dividirse.

- **Punto de control G1** – Garantiza que la célula sea lo suficientemente grande y tenga suficientes recursos para continuar.
- **Punto de control G2** – Confirma que la replicación del ADN esté completa y sea precisa.
- **Punto de control M (Punto de control del huso mitótico)** – Asegura que los cromosomas estén alineados correctamente y unidos a las fibras del huso antes de la división.

Las fallas en estos puntos de control pueden conducir al desarrollo de **cáncer** u otros trastornos genéticos.

## 29.3. Reguladores negativos

Los **reguladores negativos** son proteínas que ralentizan o detienen el ciclo celular si se detectan errores. Algunos de los reguladores negativos más importantes incluyen:

- **p53**, que puede detener el ciclo celular en respuesta a daños en el ADN e iniciar la **apoptosis** (muerte celular programada) si el daño es irreparable.
- **Rb (proteína del retinoblastoma)**, que impide que las células avancen de la fase G1 a la fase S sin señales de crecimiento adecuadas.

Los reguladores negativos son esenciales para prevenir el cáncer, ya que evitan la división celular descontrolada.

## 29.4. Telofase

La **telofase** es la etapa final de la mitosis, donde los cromosomas que previamente se separaron hacia polos opuestos de la célula comienzan a descondensarse. Durante la telofase:

- Se forman **nuevas envolturas nucleares** alrededor de cada conjunto de cromosomas.
- El **huso mitótico** se desensambla.
- La célula se prepara para la **citocinesis**, que dividirá el citoplasma en dos.

La telofase garantiza que cada nueva célula reciba un núcleo completo.

## 29.5. Anafase

La **anafase** es una fase crítica de la mitosis en la que las **cromátidas hermanas** (copias idénticas de un cromosoma) se separan y son arrastradas hacia polos opuestos de la célula. Esta separación asegura que cada célula hija reciba un conjunto completo de cromosomas.

- Las **fibras del huso** se acortan, arrastrando las cromátidas.
- Este movimiento es impulsado por **proteínas motoras** asociadas al huso mitótico.

La anafase es una de las fases más dinámicas y visualmente impresionantes de la mitosis.

El ciclo celular y la mitosis son fundamentales para el crecimiento, la reparación y la reproducción de todos los seres vivos. La coordinación precisa de estos procesos garantiza la fidelidad genética, la formación adecuada de tejidos y la estabilidad a largo plazo de los organismos.

Comprender estos procesos ayuda a los científicos a combatir el cáncer, estudiar células madre y explorar terapias potenciales de **medicina regenerativa**.

# 30. Comunidades Celulares

Las células rara vez existen de forma aislada. En organismos multicelulares y colonias microbianas, las células forman comunidades donde interactúan, se comunican y colaboran para mantener la homeostasis, garantizar la supervivencia y responder a los cambios ambientales. Estas comunidades celulares son fundamentales para el funcionamiento de tejidos, órganos y ecosistemas completos.

## 30.1. ¿Cómo funcionan las comunidades celulares?

Las comunidades celulares operan a través de una comunicación coordinada, señales químicas e interacciones físicas. En los tejidos, por ejemplo, las células epiteliales, musculares y nerviosas trabajan juntas para formar unidades funcionales. En los **biofilms** microbianos, las células secretan sustancias que forman matrices protectoras y regulan el comportamiento comunitario, incluyendo las tasas de crecimiento y el intercambio de nutrientes.

En todos los casos, las comunidades celulares deben:

- Compartir recursos.
- Responder a señales externas.
- Coordinar el crecimiento, la división y las tareas especializadas.
- Protegerse de amenazas.

## 30.2. Bioluminiscencia

Algunas comunidades celulares, especialmente microorganismos marinos como **Vibrio fischeri**, utilizan la **bioluminiscencia** como forma de comunicación. Estas bacterias emiten luz solo cuando alcanzan una densidad poblacional crítica, en un proceso conocido como **quorum sensing** (percepción de quorum). La producción de luz puede ayudar a atraer hospedadores, advertir a depredadores o coordinar comportamientos grupales.

## 30.3. Comunicación entre células

Las células dentro de una comunidad intercambian constantemente señales químicas para regular su comportamiento y función. Estas señales pueden:

- Desencadenar la división celular.
- Iniciar la diferenciación.
- Reclutar células vecinas para la reparación.
- Advertir a otras células sobre estrés o infecciones.

En organismos superiores, las **hormonas** y **neurotransmisores** median la comunicación de larga distancia, mientras que los **factores de crecimiento** y **citocinas** coordinan las respuestas locales. En bacterias, las moléculas de quorum sensing regulan acciones colectivas, como la formación de biofilms o la liberación de toxinas.

## 30.4. Interacciones entre subpoblaciones celulares

En organismos multicelulares, diferentes tipos de células (subpoblaciones) deben coordinar sus funciones para formar tejidos y órganos funcionales. Ejemplos incluyen:

- Células inmunitarias trabajando con células epiteliales para mantener barreras protectoras.
- Fibroblastos produciendo proteínas estructurales para sostener a

otros tipos celulares.

- Neuronas comunicándose con células gliales para mantener la función nerviosa.

En comunidades microbianas, algunas especies producen enzimas para digerir alimentos, mientras que otras aprovechan los nutrientes, lo que genera una **división del trabajo**.

## 30.5. Control de las distancias entre células

Para mantener el funcionamiento adecuado, las células deben regular su **espaciado** dentro de los tejidos. Esto lo logran:

- Produciendo **moléculas de adhesión** que controlan la fuerza con la que se adhieren a sus vecinas.
- Enviando señales de **repulsión** para evitar el hacinamiento.
- Liberando **factores de crecimiento** que regulan la densidad poblacional.

Este control es especialmente crítico durante el desarrollo de los tejidos, donde las células deben organizarse en estructuras precisas, como capilares, alvéolos y redes neuronales.

## 30.6. Respuesta a cambios ambientales

Las comunidades celulares deben adaptarse a los cambios ambientales para sobrevivir. Esto puede incluir:

- Ajustar la **expresión génica** en respuesta al estrés.
- Reorganizarse en **biofilms protectores** en condiciones adversas.
- Activar respuestas inmunitarias ante infecciones.

- Modificar las estrategias de absorción de nutrientes durante la escasez.

Estas respuestas dependen tanto de la **detección individual** por parte de cada célula como de las **señales comunitarias**, garantizando la supervivencia tanto de las células individuales como de la comunidad en su conjunto.

Las comunidades celulares, ya sean simples o complejas, representan un ejemplo fascinante de cómo la vida se organiza en redes cooperativas. Desde biofilms bacterianos hasta tejidos humanos, la capacidad de las células para comunicarse, colaborar y responder a los cambios es la base del éxito de todos los sistemas vivos.

# 31. Dogma Central

El **Dogma Central** de la biología molecular describe cómo fluye la información genética dentro de un sistema biológico. Propuesto por **Francis Crick** en 1958, establece que la información genética pasa de **ADN** a **ARN** y de ARN a **proteína**, pero no en el sentido inverso (con muy pocas excepciones, como los retrovirus). Este marco conceptual es la base para entender la expresión génica y cómo surgen los rasgos a partir de las instrucciones genéticas.

## 31.1. Transferencia de información de ácido nucleico a ácido nucleico

El primer paso del Dogma Central implica la transferencia de información genética de una molécula de ácido nucleico a otra, específicamente de **ADN a ARN** en un proceso llamado **transcripción**.

- Durante la transcripción, la **ARN polimerasa** lee la hebra molde del ADN y sintetiza una cadena complementaria de **ARN mensajero (ARNm)**.
- Este ARNm actúa como un mensajero, llevando el código genético desde el núcleo al **citoplasma** (en células eucariotas), donde puede ser traducido en una proteína.

Este paso garantiza la transferencia fiel de las instrucciones genéticas, permitiendo al mismo tiempo que las células regulen la expresión génica en función de señales ambientales.

## 31.2. Irreversibilidad de la traducción

Un principio clave del Dogma Central es que la **traducción** — el proceso de convertir una secuencia de ARNm en una secuencia de **aminoácidos** —

es **irreversible** en condiciones biológicas normales.

- Una vez que se ha ensamblado una secuencia de aminoácidos en una **proteína**, no existe ningún mecanismo biológico para revertir el proceso y reconstruir la secuencia original de ARNm a partir de la proteína.
- Esta irreversibilidad asegura que la información genética fluya en **una sola dirección**, preservando la integridad del código genético almacenado en el ADN.

Este concepto resalta cómo las **proteínas** son los productos funcionales finales del código genético, cumpliendo tareas dictadas por los genes sin retroalimentar directamente al genoma.

## 31.3. Codones en el Dogma Central

El sistema de **codones** es central en el Dogma Central, ya que permite traducir secuencias de nucleótidos en **aminoácidos** durante la síntesis de proteínas.

- Cada grupo de **tres nucleótidos** (un **codón**) corresponde a un aminoácido específico.
- Este **código genético** de tripletes es universal en casi todos los organismos conocidos, lo que subraya su papel fundamental en la vida.
- Algunos codones actúan como señales de **inicio** o **paro**, definiendo dónde comienza y termina la traducción.

La existencia de **64 codones** que codifican 20 aminoácidos, más señales de control, asegura que el código genético sea a la vez **específico** y **redundante**, proporcionando cierta tolerancia ante mutaciones.

## 31.4. Mecanismos físicamente viables que hacen posible el Dogma Central

El Dogma Central no es solo un concepto teórico; se realiza a través de mecanismos moleculares bien caracterizados. Estos procesos son físicamente viables porque dependen de:

- Las **reglas de apareamiento de bases** (A con T/U, C con G), que aseguran la copia precisa de los ácidos nucleicos.
- Enzimas como la **ARN polimerasa** y los **ribosomas**, que actúan como **máquinas moleculares** responsables de la síntesis de ARN y proteínas.
- La **estabilidad termodinámica** del ADN de doble hebra, que protege la información genética, permitiendo al mismo tiempo una separación controlada para la transcripción y la replicación.
- Moléculas adaptadoras como el **ARN de transferencia (ARNt)**, que vinculan físicamente los codones con los aminoácidos, asegurando el ensamblaje correcto de la secuencia durante la traducción.

Estos mecanismos forman una **cadena continua** que permite a la vida **almacenar**, **copiar** y **expresar** información genética con una fidelidad extraordinaria.

# 32. Cómo los Genes Producen Proteínas

El proceso de **síntesis de proteínas** — cómo los genes producen proteínas — es central en la expresión de la información genética. Este proceso, llamado **expresión génica**, sigue el **Dogma Central** descrito en el capítulo anterior, moviéndose desde el **ADN** al **ARN** y finalmente a la **proteína**. Los genes contienen **secuencias codificantes** que proporcionan las instrucciones para construir proteínas, y **regiones no codificantes** que regulan **cuándo** y **cuánta** proteína se produce. Este proceso altamente regulado permite que las células respondan a los cambios en su entorno, se diferencien en tipos especializados y evolucionen con el tiempo.

## 32.1. Genes no codificantes o genes de ARN

No todos los genes codifican proteínas. Algunos genes producen **moléculas de ARN funcionales** en su lugar, entre ellas:

- **ARN de transferencia (ARNt)** — asiste en la traducción transportando aminoácidos al ribosoma.
- **ARN ribosomal (ARNr)** — forma los componentes estructurales y catalíticos principales de los ribosomas.
- **MicroARN (miARN)** — regula la expresión génica uniéndose al ARNm y bloqueando la traducción.

Estos ARN no codificantes realizan funciones celulares esenciales, a pesar de que no se traducen en proteínas.

## 32.2. ARN de transferencia (ARNt)

El **ARNt** es una pequeña molécula de ARN que actúa como un adaptador durante la traducción.

- Cada ARNt tiene un **anticodón** que se empareja con un codón específico en el ARNm.
- En el extremo opuesto, el ARNt transporta el **aminoácido correspondiente**, asegurando que el aminoácido correcto se agregue a la cadena polipeptídica en formación.

La coincidencia precisa entre ARNt y codones garantiza el ensamblaje correcto de las proteínas.

## 32.3. Codones

Los **codones** son secuencias de tres nucleótidos en el ARNm que especifican **aminoácidos individuales** o señales regulatorias (codones de inicio y paro).

- Existen **64 codones**, la mayoría de los cuales especifican aminoácidos.
- **AUG** es el codón de inicio, mientras que **UAA**, **UAG** y **UGA** son los codones de paro.

El **orden de los codones** en un gen determina la secuencia de aminoácidos en la proteína final.

## 32.4. ARNm

El **ARN mensajero (ARNm)** es la **copia intermedia** de un gen que se usa directamente para construir proteínas.

- Durante la **transcripción**, la secuencia de ADN de un gen se copia en **ARNm**.
- Este ARNm sale del núcleo (en eucariotas) y viaja al ribosoma, donde dirige la síntesis de proteínas.

- Las secuencias de ARNm se leen en **grupos de tres nucleótidos** (codones), cada uno especificando un aminoácido particular.

La **duración de vida** y la **estabilidad** de las moléculas de ARNm ayudan a controlar la expresión génica.

## 32.5. ARNt

Como se explicó anteriormente, el **ARNt** desempeña un papel vital en el proceso de traducción. Cada tipo de ARNt es específico para un aminoácido, lo que garantiza la incorporación correcta en la proteína.

- El **anticodón** del ARNt se une al **codón** correspondiente en el ARNm, garantizando el apareamiento correcto.
- El **ribosoma** enlaza los aminoácidos entrantes para formar una **cadena polipeptídica**.

Este proceso paso a paso asegura una **alta precisión** en la síntesis de proteínas.

## 32.6. Origen de las células

Los mecanismos de expresión génica — desde la transcripción hasta la traducción — son tan **universalmente conservados** que proporcionan pistas importantes sobre el **origen de las células**.

- El **código genético** es casi **idéntico** en todas las formas de vida conocidas, lo que sugiere que toda la vida comparte un **ancestro común**.
- La maquinaria básica (como la **ARN polimerasa** y los **ribosomas**) se ha conservado con solo **pequeñas variaciones**.

Esta conservación resalta la **importancia central** de la expresión génica precisa para la **supervivencia** y **evolución** de la vida.

## 32.7. Evolución de la regulación génica

Aunque el proceso básico de expresión génica está **conservado,** la forma en que se **regulan** los genes ha **evolucionado significativamente.**

- Los primeros organismos probablemente dependían de **circuitos de retroalimentación simples** para regular sus genes.
- Los organismos más complejos evolucionaron **redes regulatorias sofisticadas**, que incluyen **factores de transcripción**, **potenciadores** y **ARN no codificantes**.
- Estos mecanismos evolucionados permiten a los organismos ajustar finamente la **expresión génica** en respuesta a **señales de desarrollo**, **cambios ambientales** y **estrés.**

Comprender cómo los **genes producen proteínas** — y cómo las células controlan **cuándo** y **cuánta** proteína producen — es **esencial** para entender la **vida misma**, desde la biología básica hasta las **enfermedades genéticas** y la **biotecnología**.

# 33. Reparación y Recombinación del ADN

La reparación y la recombinación del ADN son procesos esenciales que mantienen la estabilidad del genoma, corrigen daños y permiten la diversidad genética. Cada día, las células están expuestas a fuentes internas y externas de daño en el ADN, incluyendo la radiación ultravioleta (UV), mutágenos químicos y actividades metabólicas normales. Sin mecanismos eficientes de reparación, las mutaciones se acumularían, lo que podría conducir a enfermedades como el cáncer.

La recombinación, por otro lado, permite el intercambio de material genético entre moléculas de ADN, desempeñando un papel clave en la meiosis y la variación genética. Ambos procesos dependen de un conjunto de proteínas especializadas que detectan, procesan y reparan el ADN dañado.

## 33.1. Proteínas esenciales para la reparación y recombinación del ADN

Una variedad de proteínas asegura que se preserve la integridad del ADN. Estas proteínas detectan daños, señalan la necesidad de reparación y corrigen físicamente las lesiones del ADN. Algunas de las más importantes incluyen:

- **XPF/ERCC1** — Participa en la reparación por escisión de nucleótidos (NER). Este complejo de endonucleasas corta la hebra dañada de ADN, permitiendo la eliminación de los segmentos defectuosos.

- **XPG** — Otra endonucleasa crítica en la NER, que corta en el lado opuesto del daño comparado con XPF/ERCC1, asegurando la eliminación completa de la sección dañada.

- **XRCC2** — Desempeña un papel clave en la recombinación

homóloga, particularmente en la reparación de roturas de doble hebra. Ayuda a estabilizar el complejo de reparación y promueve la reparación sin errores.

- **XPA** — Funciona como una proteína de verificación de daños, asegurando que se active la vía de reparación correcta. Se une directamente a los sitios de ADN dañados.
- **XPD** — Una helicasa que desenrolla la hélice de ADN en los sitios de daño, permitiendo que otros factores de reparación accedan y procesen la lesión.

## 33.2. Reparación por escisión

La reparación por escisión es uno de los mecanismos de reparación de ADN más versátiles e importantes. Corrige:

- Daños causados por luz ultravioleta (dímeros de timina)
- Adductos voluminosos causados por exposición a productos químicos
- Daño oxidativo derivado del metabolismo celular

El proceso involucra varios pasos coordinados:

1. **Reconocimiento del daño** — Proteínas especializadas (como XPA) escanean el ADN y reconocen estructuras anormales.
2. **Desenrollamiento y verificación** — Proteínas como XPD ayudan a desenrollar el ADN alrededor del daño.
3. **Escisión** — Endonucleasas como XPF/ERCC1 y XPG eliminan la sección dañada.

4. **Resíntesis** — Las ADN polimerasas sintetizan nuevo ADN para reemplazar la sección eliminada.

5. **Ligación** — La ADN ligasa sella el último enlace, restaurando la hebra de ADN.

## 33.3. XPF/ERCC1

El complejo XPF/ERCC1 actúa como una endonucleasa específica de estructura, que reconoce la unión entre ADN monocatenario y bicatenario y corta en ubicaciones precisas. Es fundamental para:

- **Reparación por escisión de nucleótidos (NER)**
- **Reparación de enlaces cruzados entre hebras (daños que unen las dos hebras de ADN)**
- **Algunas formas de reparación por recombinación**

## 33.4. XPG

XPG funciona de manera similar a XPF/ERCC1, pero corta en el lado opuesto del sitio dañado. Trabaja estrechamente con otros factores de reparación y es esencial para completar la NER.
Las mutaciones en XPG pueden causar **xeroderma pigmentoso**, un trastorno caracterizado por extrema sensibilidad a la luz UV y un alto riesgo de cáncer.

## 33.5. XRCC2

XRCC2 es esencial para la reparación por recombinación homóloga (HRR), una vía que repara con precisión roturas de doble hebra. XRCC2:

- Forma un complejo con otras proteínas RAD.

- Asegura el emparejamiento y el intercambio correctos entre secuencias de ADN homólogas.
- Ayuda a las células a sobrevivir al daño del ADN causado por la radiación ionizante y medicamentos de quimioterapia.

## 33.6. XPA

XPA actúa como proteína de andamiaje (scaffold) en la reparación por escisión de nucleótidos, ayudando a:

- Confirmar la presencia del daño.
- Reclutar otros factores de reparación al sitio dañado.
- Coordinar los pasos de corte y reemplazo.

Las mutaciones en XPA también causan **xeroderma pigmentoso**, lo que demuestra lo crucial que es esta proteína para la protección contra la luz UV.

## 33.7. XPD

XPD es un componente del complejo **TFIIH**, que desempeña roles duales en:

- Iniciación de la transcripción.
- Reparación por escisión de nucleótidos.

Como helicasa, XPD desenrolla la hélice de ADN, creando una burbuja abierta donde las endonucleasas como XPF/ERCC1 y XPG pueden actuar.

### Resumen

Los procesos de reparación y recombinación del ADN aseguran la estabilidad genética y, al mismo tiempo, contribuyen a la diversidad genética. Sin estos mecanismos cruciales, las células acumularían mutaciones, aumentando el riesgo de cáncer, trastornos genéticos y muerte celular.

Al comprender las proteínas clave y los procesos involucrados, los investigadores están desarrollando mejores terapias para las deficiencias de reparación de ADN e incluso explorando formas de mejorar la capacidad de reparación de ADN para combatir el envejecimiento y las enfermedades.

# 34. Regulación Génica

La regulación génica es el proceso complejo mediante el cual las células controlan la expresión de sus genes, decidiendo cuándo, dónde y en qué cantidad se produce un producto génico (generalmente una proteína o un ARN funcional). Esta regulación es esencial para asegurar que las células respondan adecuadamente a su entorno, se diferencien en células especializadas y conserven energía produciendo solo lo necesario.
Tanto en células procariotas como eucariotas, la regulación génica está altamente coordinada y ocurre en múltiples niveles, involucrando numerosos elementos reguladores, proteínas y vías de señalización.

## 34.1. Niveles de Regulación Génica

La regulación génica puede ocurrir en varias etapas, incluyendo:

- **Regulación Transcripcional** – Controlar si un gen es transcrito a ARN. Este suele ser el nivel de control más importante y eficiente en términos de energía.
- **Regulación Post-transcripcional** – Modificar o controlar el ARN mensajero (ARNm) después de su transcripción, por ejemplo, mediante el corte y empalme (splicing), edición, transporte y estabilidad.
- **Regulación Translacional** – Controlar qué tan eficientemente un ARNm es traducido en una proteína.
- **Regulación Post-traduccional** – Modificar la proteína después de la traducción, como su plegamiento, corte, activación o degradación.

## 34.2. Regulación Transcripcional en Procariotas

Los procariotas, como las bacterias, utilizan sistemas de regulación génica simples pero altamente efectivos. El modelo de operón, descubierto en *E. coli*, es un ejemplo clásico.

### El Sistema Operón

Un operón es un grupo de genes controlados por un solo promotor y regulados en conjunto. Ejemplos:

- **Operón lac** – Controla genes involucrados en el metabolismo de la lactosa.
- **Operón trp** – Controla genes involucrados en la síntesis de triptófano.

En estos sistemas, las proteínas reguladoras se unen a secuencias de ADN llamadas operadores, bloqueando o permitiendo la transcripción dependiendo de la presencia de moléculas específicas como la lactosa o el triptófano.

## 34.3 Regulación Génica en Eucariotas

La regulación génica en eucariotas es mucho más compleja debido a:

- La presencia de un núcleo, que requiere transporte entre el núcleo y el citoplasma.
- Una estructura de cromatina más extensa, que afecta el acceso a los genes.
- Un genoma más grande con más secuencias de ADN reguladoras.

### Elementos clave de la regulación génica en eucariotas

- **Enhancers y Silencers** – Secuencias de ADN que aumentan o disminuyen la expresión génica.

- **Factores de Transcripción** – Proteínas que se unen a secuencias específicas de ADN para activar o reprimir la transcripción.
- **Modificaciones Epigenéticas** – Cambios químicos en el ADN (como la metilación) o en las histonas (como la acetilación) que alteran la expresión génica sin cambiar la secuencia del ADN.
- **Interferencia de ARN (ARNi)** – Pequeños ARN, como los miARN, que pueden unirse al ARNm y bloquear su traducción o desencadenar su degradación.

## 34.4. Regulación Ambiental y del Desarrollo

Las células no regulan los genes al azar — la expresión génica cambia en respuesta a:

- **Estímulos ambientales** – Luz, temperatura, productos químicos y estrés.
- **Señales internas** – Hormonas, factores de crecimiento y nutrientes.
- **Programas de desarrollo** – Genes que se activan y desactivan durante el desarrollo embrionario, la diferenciación celular y el envejecimiento.

## 34.5. Ejemplos de Regulación Génica en Acción

- **Respuesta al choque térmico** – Cuando las células experimentan altas temperaturas, activan genes de choque térmico que producen proteínas que ayudan a replegar las proteínas dañadas.
- **Regulación hormonal** – En humanos, el gen de la insulina está fuertemente regulado en función de los niveles de glucosa en sangre.
- **Respuesta inmune** – Una infección desencadena la activación

rápida de genes que codifican citoquinas y anticuerpos.

### Resumen

La regulación génica asegura que las células:

- Utilicen los recursos eficientemente.
- Respondan adecuadamente a los cambios.
- Se diferencien en tipos celulares especializados.
- Eviten la producción innecesaria de proteínas.
- Mantengan la estabilidad genómica y la salud celular.

Ya sea en bacterias simples o en organismos multicelulares complejos, la regulación génica está en el centro de los sistemas biológicos de control, permitiendo que la vida se adapte, sobreviva y prospere en entornos en constante cambio.

# 35. Ingeniería Genética de Plantas

La ingeniería genética de plantas es el proceso de modificar el material genético de las plantas para obtener características deseadas. Al introducir, eliminar o alterar genes, los científicos pueden crear plantas con rendimientos mejorados, resistencia a plagas, tolerancia a la sequía y un mayor valor nutricional. Este campo forma parte de un área más amplia llamada biotecnología agrícola y ha tenido un impacto profundo en la producción mundial de alimentos, la sostenibilidad y la protección ambiental.

## 35.1. Técnicas Utilizadas en la Ingeniería Genética de Plantas

Los siguientes métodos son comúnmente utilizados para modificar los genomas de las plantas:

- **Tecnología de ADN Recombinante** – Los científicos aíslan genes específicos de un organismo (como bacterias u otras plantas) y los insertan en el genoma de una planta utilizando plásmidos o vectores.
- **Método de la Pistola de Genes** – Pequeñas partículas recubiertas con ADN son disparadas directamente en las células vegetales, entregando así el nuevo material genético.
- **Transformación Mediada por *Agrobacterium*** – Este método aprovecha la capacidad natural de la bacteria *Agrobacterium tumefaciens* para transferir genes a las células vegetales.
- **Edición Génica con CRISPR-Cas9** – Esta técnica moderna permite editar con precisión los genes existentes de una planta para activarlos, desactivarlos o reemplazar secuencias defectuosas.

## 35.2. Características Introducidas mediante Ingeniería Genética

Las características modificadas más comunes incluyen:

- **Resistencia a Plagas** – Plantas como el algodón Bt y el maíz Bt producen sus propias proteínas insecticidas para defenderse de las plagas.
- **Tolerancia a Herbicidas** – Cultivos como la soja *Roundup Ready* pueden sobrevivir a la aplicación de ciertos herbicidas, facilitando el control de malezas.
- **Tolerancia a la Sequía y Salinidad** – Las modificaciones genéticas pueden mejorar la capacidad de una planta para resistir el estrés ambiental, ayudando a los agricultores en regiones áridas.
- **Mejora Nutricional** – Cultivos como el Arroz Dorado (*Golden Rice*) son modificados para producir mayores niveles de vitamina A y combatir la malnutrición.
- **Resistencia a Enfermedades** – Algunas plantas modificadas genéticamente resisten infecciones virales, bacterianas o fúngicas, reduciendo la necesidad de tratamientos químicos.

## 35.3. Beneficios de las Plantas Genéticamente Modificadas

- **Mayor Rendimiento** – Las mejoras genéticas contribuyen al aumento de la producción de cultivos, garantizando la seguridad alimentaria.
- **Menor Uso de Productos Químicos** – Las plantas modificadas para resistir plagas y enfermedades requieren menos pesticidas, reduciendo la contaminación ambiental.
- **Adaptación al Cambio Climático** – Los cultivos tolerantes a la

sequía y al calor ayudan a los agricultores a adaptarse a patrones climáticos cambiantes.

- **Mejora Nutricional** – Los cultivos biofortificados abordan deficiencias de nutrientes en poblaciones vulnerables.
- **Beneficios Económicos** – Los mayores rendimientos y los menores costos de insumos mejoran los ingresos de los agricultores.

## 35.4 Consideraciones Ambientales y Éticas

Si bien la ingeniería genética ofrece numerosos beneficios, también plantea preocupaciones ambientales y éticas, tales como:

- **Polinización Cruzada** – Los genes de las plantas modificadas genéticamente (MG) pueden transferirse a parientes silvestres, alterando potencialmente los ecosistemas naturales.
- **Desarrollo de Resistencias** – Plagas o malezas pueden desarrollar resistencia a las características modificadas, generando nuevos desafíos agrícolas.
- **Impacto en la Biodiversidad** – El cultivo extensivo de unas pocas variedades modificadas genéticamente puede reducir la diversidad de cultivos, aumentando la vulnerabilidad ante brotes de enfermedades.
- **Cuestiones Éticas** – Algunos grupos se oponen a la modificación genética por creencias religiosas o por preocupaciones sobre el control corporativo de las semillas.

## 35.5. Supervisión Regulatoria

Debido a estas preocupaciones, las plantas modificadas genéticamente están sujetas a estrictas regulaciones en muchos países. Agencias regulatorias como:

- **Departamento de Agricultura de los Estados Unidos (USDA)**
- **Agencia de Protección Ambiental (EPA)**
- **Administración de Alimentos y Medicamentos (FDA)**

Estas agencias evalúan la seguridad de los cultivos modificados genéticamente para el consumo humano, el impacto ambiental y su uso agrícola antes de aprobarlos para su producción comercial.

## 35.6. Ejemplos de Cultivos Genéticamente Modificados

| Cultivo | Característica | Beneficio |
|---|---|---|
| **Arroz Dorado** | Vitamina A Mejorada | Aborda la **deficiencia de vitamina A** |
| **Maíz Bt** | Resistencia a Insectos | Reduce el **uso de insecticidas** |
| **Soja Roundup Ready** | Tolerancia a Herbicidas | Permite una **gestión simplificada de malezas** |
| **Maíz Tolerante a la Sequía** | Tolerancia a la Sequía | Mejora el **rendimiento en condiciones de sequía** |
| **Papaya Resistente a Virus** | Resistencia a Enfermedades | Salva a la **industria de la papaya de brotes virales** |

### Resumen

La ingeniería genética de plantas es una herramienta poderosa para mejorar la agricultura a nivel mundial, ofreciendo soluciones al hambre, la desnutrición y la sostenibilidad ambiental. Aunque presenta un gran potencial, también requiere una investigación responsable, una regulación adecuada y la participación pública para abordar las preocupaciones y garantizar que los beneficios se compartan de manera equitativa.

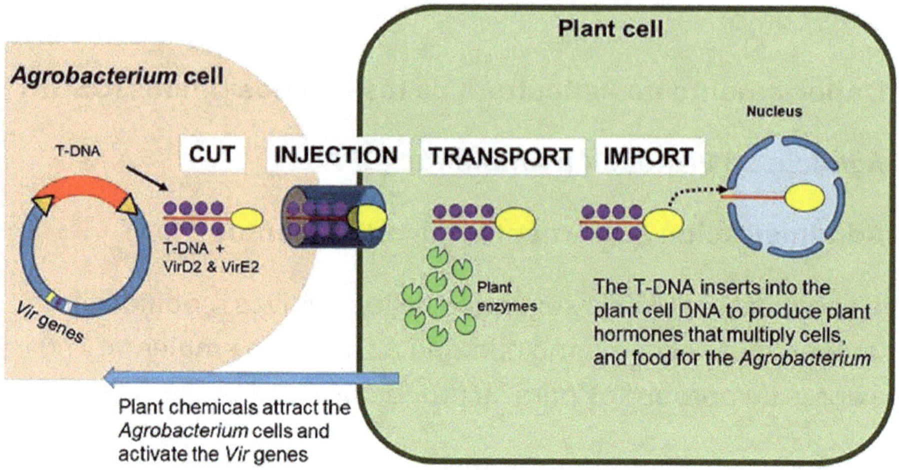


*Figura 35.1: Proceso de inserción de un gen en una célula vegetal utilizando Agrobacterium tumefaciens. Fuente: https://kids.frontiersin.org/articles/10.3389/frym.2020.00064*

# 36. Uso de la Ingeniería Genética en Animales y Humanos

## 36.1. Tecnología de Ingeniería Genética

Esta tecnología permite a los científicos insertar, eliminar o modificar genes para producir rasgos deseados. Tanto en animales como en humanos, la ingeniería genética tiene el potencial de tratar enfermedades, mejorar características físicas e incluso modificar características hereditarias. Los avances en tecnologías como CRISPR-Cas9 han hecho que la edición genética sea más rápida, más económica y más precisa que nunca.

## 36.2. Ingeniería Genética en Animales

La modificación genética de animales sirve para diversos fines, entre ellos:

- **Investigación de enfermedades:** Animales como ratones modificados genéticamente se utilizan para estudiar enfermedades humanas como el cáncer, la diabetes y los trastornos neurológicos. Estos animales son conocidos como **modelos transgénicos**.
- **Producción de alimentos:** Animales modificados genéticamente, como el salmón de AquaBounty, están diseñados para crecer más rápido y requerir menos recursos.
- **Producción farmacéutica:** Los animales pueden modificarse genéticamente para producir medicamentos en su leche, huevos o sangre, un proceso conocido como **farming molecular** o **biofarming**.
- **Esfuerzos de conservación:** Los científicos están explorando la ingeniería genética para aumentar la diversidad genética en especies en peligro de extinción o incluso resucitar especies extintas a través de proyectos de **des-extinción**.

**Ejemplo:**

• Peces fluorescentes **(GloFish)** han sido modificados genéticamente para expresar proteínas fluorescentes, originalmente provenientes de medusas o corales.

## 36.3. Ingeniería Genética en Humanos

La ingeniería genética en humanos implica la modificación del ADN humano para tratar o prevenir enfermedades, mejorar rasgos físicos o incluso alterar habilidades cognitivas. Hay dos categorías principales:

• **Terapia génica somática:** Se realizan cambios genéticos en las células del cuerpo (no en espermatozoides u óvulos) para corregir una enfermedad en un individuo. Estos cambios **no** se transmiten a la descendencia.
• **Ingeniería genética de la línea germinal:** Se realizan modificaciones en espermatozoides, óvulos o embriones, lo que significa que los cambios son **hereditarios** y pueden transmitirse a futuras generaciones. Este tipo de ingeniería genética es altamente controvertida y está prohibida en muchos países.

**Aplicaciones actuales y potenciales:**

• **Terapia génica:** Corrección de genes defectuosos responsables de enfermedades como la fibrosis quística, la anemia falciforme y la distrofia muscular.
• **Prevención de trastornos genéticos:** La detección de enfermedades genéticas en embriones (diagnóstico genético preimplantacional, **DGP**) ya se utiliza, pero en el futuro, los genes defectuosos podrían corregirse directamente.
• **Mejora genética:** La posibilidad de utilizar la ingeniería genética para mejorar la inteligencia, la fuerza física o la apariencia—a menudo llamado crear **bebés de diseño**—es un tema de debate ético controvertido.

**Ejemplo:**

• **Bebés CRISPR en China (2018):** Un científico editó los genomas de gemelas para hacerlas resistentes al VIH, lo que desencadenó un debate ético global.

## 36.4. Dopaje Genético

El dopaje genético es el uso de técnicas de ingeniería genética para mejorar el rendimiento deportivo mediante la alteración de genes relacionados con el crecimiento muscular, la resistencia o la recuperación. A diferencia del dopaje tradicional, que implica el uso de medicamentos u hormonas, el dopaje genético modifica directamente el ADN de un atleta.

**Objetivos potenciales para el dopaje genético:**

• **Eritropoyetina (EPO):** Para aumentar la producción de glóbulos rojos y mejorar la resistencia.

• **Inhibición de la miostatina:** Para promover el crecimiento muscular.

• **VEGF (Factor de Crecimiento Endotelial Vascular):** Para mejorar la entrega de oxígeno a los músculos.

**Preocupaciones éticas y de salud:**

• El dopaje genético está prohibido por organizaciones como la **Agencia Mundial Antidopaje (WADA)**.

• El uso descontrolado de la edición genética podría tener efectos secundarios no previstos, como cáncer, complicaciones inmunológicas o mutaciones genéticas impredecibles.

## 36.5. Consideraciones Éticas y Sociales

La capacidad de editar genes en animales y humanos plantea importantes preocupaciones éticas, entre ellas:

• **Consentimiento:** ¿Es ético modificar el genoma de generaciones futuras

que no pueden dar su consentimiento?
• **Equidad:** ¿Podría la mejora genética crear una **subclase genética**, dividiendo a la sociedad entre poblaciones mejoradas genéticamente y poblaciones naturales?
• **Seguridad:** Los efectos a largo plazo de la edición genética, especialmente en la línea germinal, son en gran medida desconocidos.
• **Impacto en la biodiversidad:** Los animales modificados genéticamente podrían alterar los ecosistemas si son liberados en la naturaleza.

### Resumen

La ingeniería genética está revolucionando la medicina, la agricultura y la biotecnología, pero su aplicación en animales y humanos requiere precaución, reflexión ética y una supervisión estricta. A medida que avanza la investigación, la sociedad deberá equilibrar la innovación con la responsabilidad, garantizando que las tecnologías genéticas se utilicen para beneficiar a la humanidad, minimizando al mismo tiempo los daños.

# 37. ¿Qué es la Terapia Génica?

## 37.1. Introducción a la Terapia Génica

La terapia génica es una técnica médica revolucionaria que trata o previene enfermedades modificando directamente el material genético dentro de las células de un paciente. A diferencia de los medicamentos convencionales que solo tratan los síntomas, la terapia génica aborda la causa raíz de los trastornos genéticos, ya sea reemplazando, reparando o regulando genes defectuosos. Este campo emergente tiene un enorme potencial para curar enfermedades que antes se consideraban incurables.

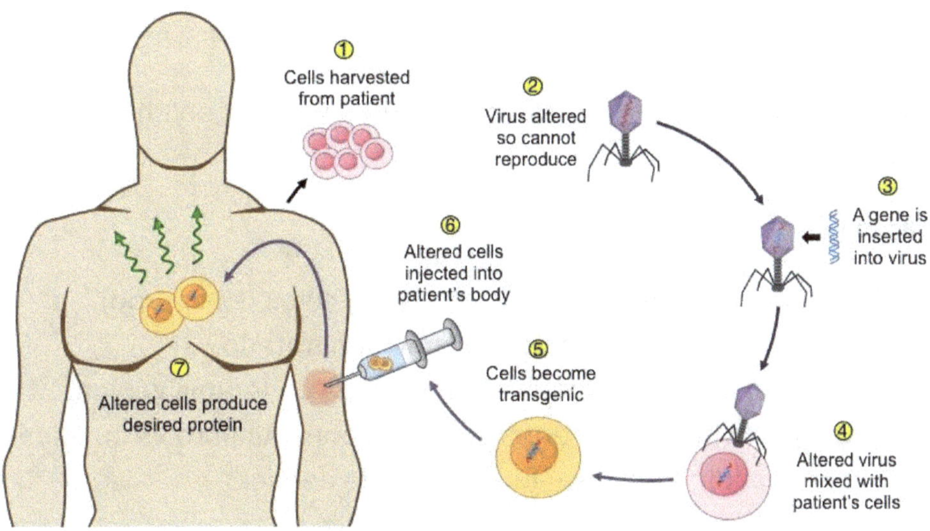


*Figura 37.1: Descripción general del proceso de terapia génica. Fuente: https://old-ib.bioninja.com.au/standard-level/topic-3-genetics/35-genetic-modification-and/gene-therapy.html*

## 37.2. ¿Cómo funciona la terapia génica?

El objetivo principal de la terapia génica es corregir los genes defectuosos responsables de una enfermedad. Esto se puede lograr a través de varios enfoques:

- **Reemplazo de genes:** Introducir una copia sana de un gen defectuoso en las células para restaurar su función normal.
- **Edición genética:** Utilizar tecnologías como CRISPR-Cas9 para cortar, eliminar o reparar genes mutados.
- **Silenciamiento génico:** Inactivar genes dañinos o hiperactivos que contribuyen a la enfermedad.
- **Adición de genes:** Añadir genes completamente nuevos que ayuden a combatir enfermedades, como genes que mejoran la respuesta inmunitaria al cáncer.

## 37.3. Tipos de terapia génica

La terapia génica puede dirigirse a diferentes tipos de células, lo que da lugar a dos enfoques principales:

### 1. Terapia génica somática

1. Modifica células no reproductivas (células del cuerpo).
2. Los cambios solo afectan al individuo tratado.
3. Actualmente es la forma más utilizada de terapia génica.
4. Se utiliza para tratar enfermedades como la fibrosis quística, la anemia falciforme y algunos tipos de cáncer.

### 2. Terapia génica germinal

1. Modifica células reproductivas (esperma, óvulos o embriones).
2. Los cambios se heredan en generaciones futuras.
3. Es altamente controvertida y está prohibida en la mayoría de los países debido a preocupaciones éticas.
4. Las posibles aplicaciones incluyen prevenir la transmisión de enfermedades genéticas hereditarias.

## 37.4. Métodos de entrega

Para que la terapia génica funcione, los genes terapéuticos deben ser entregados a las células correctas. Los científicos utilizan **vectores**, que actúan como vehículos de entrega, para transportar genes a las células.

### Métodos comunes de entrega

- **Vectores virales:** Virus modificados (como adenovirus o lentivirus) que transportan genes terapéuticos a las células humanas.
- **Métodos no virales:** Técnicas como inyección de ADN desnudo, liposomas o nanopartículas, que entregan genes sin utilizar virus.

Cada método tiene ventajas y desafíos en términos de eficiencia, seguridad y respuesta inmunológica.

## 37.5. Ejemplos de aplicaciones de la terapia génica

La terapia génica ya se utiliza o se investiga para tratar:

1. **Trastornos hereditarios:** Como la inmunodeficiencia combinada severa (SCID), atrofia muscular espinal (AME) y hemofilia.
2. **Cáncer:** Modificación de células inmunitarias (terapia CAR-T) para que reconozcan y ataquen tumores.
3. **Ceguera:** Introducción de genes funcionales en las células de la retina para restaurar la visión en ciertas formas hereditarias de ceguera.
4. **Trastornos sanguíneos:** Corrección de mutaciones genéticas en enfermedades como la anemia falciforme y la beta-talasemia.

## 37.6. Beneficios y potencial de la terapia génica

1. **Cura permanente:** La terapia génica puede proporcionar una cura de por vida tras un solo tratamiento.

2. **Tratamiento dirigido:** La terapia se adapta al perfil genético único de cada individuo, aumentando la precisión.

3. **Nueva esperanza:** Ofrece opciones de tratamiento para enfermedades genéticas raras que actualmente no tienen cura.

## 37.7. Riesgos y desafíos

1. **Respuesta inmunitaria:** El cuerpo puede rechazar el vector viral, reduciendo la eficacia del tratamiento.
2. **Efectos fuera de objetivo:** La edición genética puede modificar accidentalmente partes no deseadas del genoma, causando nuevas mutaciones.
3. **Altos costos:** Los tratamientos de terapia génica, como Zolgensma para la atrofia muscular espinal, pueden costar millones de dólares por paciente.
4. **Preocupaciones éticas:** La edición germinal plantea preguntas sobre los "bebés de diseño" y la alteración del acervo genético humano.

## 37.8. Futuro de la terapia génica

Con los avances en la secuenciación del genoma, la tecnología CRISPR y la medicina personalizada, la terapia génica será cada vez más segura, accesible y efectiva. Los científicos también están explorando la **terapia epigenética**, que se enfoca en modificar la expresión genética sin alterar la secuencia de ADN subyacente.

## Resumen

La terapia génica está transformando la medicina al abordar las causas fundamentales de las enfermedades genéticas a nivel del ADN. Aunque tiene un potencial increíble para tratar una amplia gama de condiciones, las consideraciones éticas, la seguridad y la accesibilidad deben gestionarse cuidadosamente a medida que avanza esta tecnología.

## 38. Conclusión

Ahora que has completado este libro, espero que estés de acuerdo conmigo en que la Biología no es una materia difícil o dolorosa de estudiar — de hecho, puede ser fascinante y gratificante cuando se aborda con curiosidad y con una base sólida. La Biología es una materia que se construye de forma continua, lo que significa que dominar los conceptos básicos es fundamental antes de poder comprender plenamente los temas más complejos.

También espero que te sientas con confianza para aplicar gran parte de lo que has aprendido a lo largo de este libro tanto en tus futuros estudios como en tu vida diaria. Comprender el vocabulario, los conceptos clave y cómo se relacionan entre sí mejorará enormemente tu comprensión y te ayudará a destacar en los exámenes y aplicaciones prácticas.

La mejor manera de tener éxito en Biología es mantenerse organizado, revisar el material con regularidad y practicar la aplicación de lo aprendido.

En nombre de todos los educadores y creadores de **AB Publisher LLC**, te deseo lo mejor en tus estudios y en tu futura carrera. Si tienes alguna pregunta, comentario o inquietud, no dudes en contactarnos al correo electrónico que aparece a continuación.

Saludos,
**Bolakale Aremu** (Educador)
**AB Publisher LLC**
ABPublisherLLC@gmail.com

www.ingramcontent.com/pod-product-compliance
Lightning Source LLC
LaVergne TN
LVHW082230051026
849532LV00012B/3934
* 9 7 9 8 3 4 9 2 5 7 4 0 7 *